プログラム×工作でつくる
micro:bit

MATHRAX〔久世祥三+坂本茉里子〕著

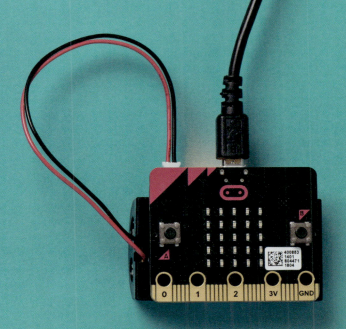

本書で解説しているプログラムは、https://github.com/mathrax-m/microbitで公開しています。

本書の情報は、chapter 7は2019年6月、それ以外は2019年5月現在のものです。バージョンアップなどによる変更はmicro:bitの公式サイトをご確認ください。

本書に掲載されている会社名・製品名は、一般に各社の登録商標または商標です。

本書を発行するにあたって、内容に誤りのないようできる限りの注意を払いましたが、本書の内容を適用した結果生じたこと、また、適用できなかった結果について、著者、出版社とも一切の責任を負いませんのでご了承ください。

本書は、「著作権法」によって、著作権等の権利が保護されている著作物です。本書の複製権・翻訳権・上映権・譲渡権・公衆送信権（送信可能化権を含む）は著作権者が保有しています．本書の全部または一部につき、無断で転載、複写複製、電子的装置への入力等をされると、著作権等の権利侵害となる場合があります。また、代行業者等の第三者によるスキャンやデジタル化は、たとえ個人や家庭内での利用であっても著作権法上認められておりませんので、ご注意ください。

本書の無断複写は、著作権法上の制限事項を除き、禁じられています。本書の複写複製を希望される場合は、そのつど事前に下記へ連絡して許諾を得てください。

出版者著作権管理機構
（電話 03-5244-5088，FAX 03-5244-5089，e-mail：info@jcopy.or.jp）

JCOPY ＜出版者著作権管理機構 委託出版物＞

はじめに

この本を手にしていただき感謝いたします。筆者らは電子回路やプログラムを作る仕事をしながら、アートユニット「マスラックス」としても活動しています。下の写真のように触れると音を奏でたり光ったりするインタラクティブな作品に、電子回路やプログラムを使っています。

本書の前半はmicro:bitの基本的なプログラミングが中心です。理解を進めるポイントは、見本のプログラム（https://github.com/mathrax-m/microbit）のどこかの数値を自分で変えてみることです。思いがけない効果が生まれたら、誰かと見せ合いましょう。その遊びは理解を早めるとともに、アイデアの源にもなるでしょう。

後半の工作では、おもに紙を材料としました。紙はmicro:bitに負けず劣らず自由で多様な素材で、しかも道具にあまりお金をかけずに加工できます。平面からパーツを作り立体化する工程に慣れてきたら、自由に作り変えてデザインしてみてください。ブロックのプログラムのように、組み合わせでいろんな形にできるはずです。また、紙工作の延長でできるよう、はんだごて不要の配線も考えてみました。

応用編では、グラフィックや音楽が得意なソフト「Processing」や「SonicPi」とmicro:bitを連携し、PCを使ったより自由な表現を探ります。少し難しいかもしれませんが、プログラミングで広がる世界を感じていただきたく紹介しています。

最後に、編集をはじめ本書に関わった方々には、大変なご尽力をいただきました。この場を借りて御礼申し上げます。

MATHRAX〔久世祥三＋坂本茉里子〕

「ひかりのミナモ（MATHRAX、2016）」写真から抽出した色で水面のように光る作品。
Photo：香川 賢志

CONTENTS

CHAPTER 1

micro:bitとは？ 001
1. micro:bitとは？ 002
2. micro:bitの外観と機能 005
3. プログラミングと工作を始める前の注意 015

CHAPTER 2

プログラミングと工作のための準備 017
1. 最低限の準備 018
2. 用途に応じた準備 019

CHAPTER 3

MakeCodeエディタの使いかた 031
1. MakeCodeエディタへのアクセス 032
2. MakeCodeエディタ画面の説明 034
3. ブロックプログラミングから書き込みまでの体験 037

LET'S TRY　ボタンを押したらアイコンが変わる
アニメーションを作ってみましょう 037

CHAPTER 4

ブロックで知る機能と
基本のプログラミング 049
1. LED 051
2. ABボタン 055
3. 音 060
4. 光センサ 063
5. 加速度センサ 066

6	磁力センサ	069
7	温度センサ	073
8	マイクロUSBコネクタ	074
9	無線	078

CHAPTER 5　シミュレーターの使いかた　083

1	光センサのシミュレーション	085
2	加速度センサのシミュレーション	086
3	デジタルコンパスのシミュレーション	086
4	温度センサのシミュレーション	087
5	タッチセンサのシミュレーション	087
6	シリアル通信のシミュレーション	088

CHAPTER 6　ブロックとJavaScriptを組み合わせたプログラミング　091

LET'S TRY　LEDの「点灯時間」を変えてさまざまなリズムの
ハートのドキドキを作ってみましょう　092

CHAPTER 7　関数を使ったプログラミング　097

1	単純な関数	098
2	パラメータを渡す関数	099
3	パラメータを返す関数	101

CHAPTER 8　デザイン工作　105

1	工作の準備	106
2	工作のコツ	109
3	基本ボックスの工作	113

④	厚紙によるパーツ作り	115
⑤	足や腕に付ける	128
⑥	マグネットで貼り付ける	130
⑦	植木鉢や花壇に差し込む	131
⑧	タッチ操作のジュークボックス	132
⑨	持ちやすいコントローラ	142

CHAPTER 9

より自由な表現の実践　153

①	micro:bit + Processingの連携	154
②	micro:bit + Processing + SonicPiの連携	175
③	表現の工夫	192

CHAPTER 10

micro:bitの知ってて得するポイント　201

①	ブラウザでワンクリック書き込みができる	202
②	β版のMakeCodeエディタがある	206
③	iOSやAndroidでもmicro:bitにプログラミングできる	207
④	Arduinoでもmicro:bitにプログラミングできる	208
⑤	シリアル通信が少しだけ速くなるプログラムがある	216
⑥	「マップする」結果の上限と下限は超えることがある	217
⑦	シリアル通信で簡易的なDMX信号を送ることができる	218
⑧	拡張機能がたくさんある	220
⑨	Pythonのプログラム環境もある	223

索引	227

CHAPTER

1

micro:bitとは？

CHAPTER 1

micro:bitとは?

❶ micro:bit とは?

　BBC micro:bitは2015年にイギリスで開発されたマイコンボードです。イギリスはこれまでも情報教育に力を入れており、1980年代には**BBC Micro**というパーソナルコンピュータが学校教育で採用された経緯があります。micro:bitもまた学校教育のために作られ、イギリスに住むすべての11〜12歳の子どもたちに教材として無料配布されているそうです。
　micro:bitを使った教育は、イギリスだけでなく、フィンランドやアイスランド、さらにはシンガポールやスリランカまで、世界中の学校で行われています。日本でも2017年ごろから入手しやすくなってきており、子ども向けプログラミング教室などでも使われ始めています。インターネットでは、さまざまな国の教育の例とともに工作の方法やプログラムが公開されているため、プロ

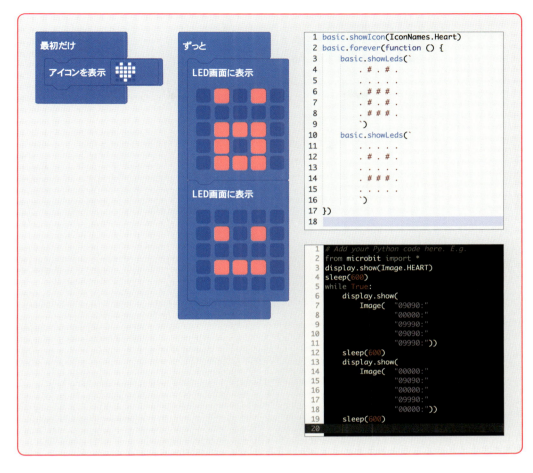

グラミングに挑戦するハードルも低く感じることでしょう。今後は、日本を含む世界中の教育の現場で、ますますmicro:bitが使われていくことが予想されます。

　このような教材だという話を耳にすると、子ども向けで簡易的な**マイコンボード**（基板に最低限の回路を載せた簡易コンピュータのこと）だと思うかもしれません。でも実は、25個のLEDに2つのスイッチ、加速度や方位を測る高度なセンサ、さらにはBluetoothモジュールまでもが最初から実装されている、とても高性能なデバイスです。教材用途の枠だけではおさまらず、これまで使われてきたマイコンボードに取って代わる可能性も秘めていると考えられます。

　さらに大きな特徴は、micro:bitのプログラミング環境です。マイクロソフト社がサポートするmicro:bit公式の開発環境は、はじめから複数のプログラミング言語へ対応しており、多言語がスタンダードになっていくことを示唆しています。2019年5月現在は、**ブロック**、**JavaScript**、**Python**に対応しています。さらに、ブラウザベースではありませんが、**C言語**で開発できる環境もあり、ユーザーの多さとその広がりを感じることができます。

　また、プログラミングは開発環境を整えるのが大変だと思う方もいるかもしれませんが、子ど

も向けに作られただけあって、ブラウザベースの開発環境（**MakeCodeエディタ**）はインストールする必要がありません。しかも一度インターネットを介して開けば、エディタそのものがキャッシュに保存されて、常時接続を維持する必要がありません。回線が不安定な環境を想定したものと思われますが、息抜きにWi-Fiのない喫茶店などで作業したいときにも便利です。

本書ではMakeCodeエディタ（→ CHAPTER 3 ）を使ったプログラミングをメインに扱います。想定している読者は、子ども向けの参考書では物足りない人、プログラミングを学びたい人、プログラミングを教える人、そしてもう一度学びたい人です。とくに一度プログラミングにマイナスイメージをもった人にとっては、micro:bitはそのイメージを変えてくれる嬉しい存在になる可能性を秘めています。本書とmicro:bitを通して、少しでも「プログラミングって楽しそう」と感じてくれることを願っています。

COLUMN

みんながプログラミングできる世界で大切なことは？

micro:bitのような教材のおかげで、プログラミングを身に付けた人が世界中で増えるのは間違いありません。そうなると、技術はもちろん、個性や独創性が勝負の鍵となるはずです。

技術についていえば、これからの世界では、コンピュータだけでなく手で作る技術が必要とされるでしょう。どんな画期的な発明にも、最初は試行錯誤して手作りする段階があるからです。この本の工作のページ（→ CHAPTER 10 ）では、材料からモノを作るプロセスを重視しています。プログラミングで論理的な考えかたを身に付けたとしても、「工作はできないから外観は100円ショップのアイテムを使うだけ」だと作品として少しアンバランスです。この本を通じて、プログラミングだけでなく手で作る技術、そしてなにより個性や独創性を養ってほしいと考えています。

個性や独創性のような「あなたにしかできないこと」には、MakeCodeエディタのような手軽さはないかもしれません。それに、想いを込めて作品を作ったとしても「変だよね」「普通じゃないよね」と言われるかもしれないし、学校では教えてくれないことがたくさんあるかもしれません。でも、だからこそ、誰にでもできるものではなく、あなたにしかできないものになるのです。

micro:bitは「アイデアを想像するだけではなく実際に作ってみよう」と思う人たちの背中を力強く押してくれることでしょう。

❷ micro:bitの外観と機能

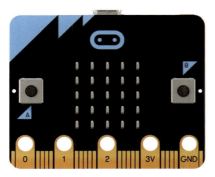

　micro:bitは、さまざまなものを処理する"脳みそ"の役割をもつ**プロセッサ**が載った**電子基板**です。プロセッサ以外にも、外からの刺激を電気に変えてmicro:bitに伝えるボタンやセンサ、逆にmicro:bitが電気を光に変えて外の世界へ伝えるLEDも付いています。これらのボタンやセンサ、LEDは、私たちユーザーがその役割をプログラミングすることで、さまざまな使いかたを設定することができます。「こう動かしたい」という私たちの意思は、プログラムを書き込むことでプロセッサに届けられ、micro:bitを実際に動かし、私たちの考えたアイデアを現実にしてくれます。新たなプログラムがひらめいたなら、書き換えることでmicro:bitは生まれ変わり、新たな役割をもって動き出します。

　私たちユーザーはアイデアを素早く現実にできるので、プログラミングを完璧に理解できていなくても、手探りで組み立てて動作を確認しながらプログラミング技術を習得できます。

　micro:bitのさまざまな機能のうち、おもなものを書き出すと以下のようになります。

- ① プロセッサ
- ② LED（5×5）
- ③ ABボタン
- ④ 端子
- ⑤ 光センサ
- ⑥ 温度センサ
- ⑦ 加速度センサ
- ⑧ デジタルコンパス
- ⑨ 磁力センサ
- ⑩ 無線
- ⑪ Bluetooth
- ⑫ マイクロUSBコネクタ
- ⑬ リセットボタン
- ⑭ バッテリーコネクタ

□ ①プロセッサ

micro:bitの性能を知るために、"脳みそ"となる**プロセッサ**の性能を見てみましょう。

- 32bit ARM® Cortex-M0™ CPU
- 16K RAM
- 16MHz with Bluetooth Low Energy

プロセッサには、32bitのマイコン「ARM®Cortex-M0™」が採用されています。
ARM社のマイコンは、スマートフォンやタブレット、ゲーム機などにも広く使われています。そのなかでも**Cortex-M0**は製品に組み込まれるシリーズで、小型・省エネ・高性能なバランスのとれたマイコンです。さらにmicro:bitのマイコンには、**Bluetooth Low Energy**（省エネなBluetooth無線通信機能）が内蔵されています。

☐ ②LED（5×5）

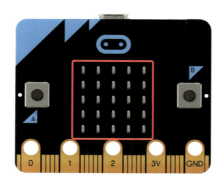

　中央に並ぶたくさんの点は、**LED**です。タテ5×ヨコ5の赤いLEDで、1粒ずつ明るさを変えることができます。ただし赤色限定で色を変えることはできません。

　このLEDには、プログラムによって、文字や数字、さらにハートやニコニコマークなどのいろいろなパターンを表示できます。さまざまな用途が考えられますが、単純にこのLEDを光らせるだけでも、micro:bitが正しく動作しているかどうか目で見て知ることができます。micro:bitには、外界の情報をインプットするセンサやボタンが複数あります。しかしmicro:bitが外界に情報をアウトプットする方法は、追加部品やPCがないかぎり、このLEDしかありません。

☐ ③ABボタン

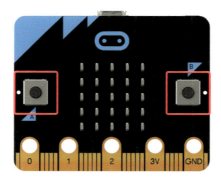

　左右2つにある**ボタン**は、左が「A」、右が「B」です。ボタンはプログラミングすると機能します。プログラムの内容によって「ON/OFFの切り換え」「ボタンを押した回数を数える」「ボタンを押している時間を測る（長押し）」など、さまざまな使いかたができます。また、「Aを押す」「Bを押す」はもちろん、「AとBを押す」のように組み合わせることもできます。

④端子

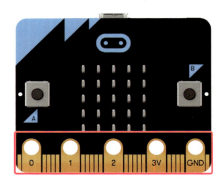

基板の下に並ぶ「0」「1」「2」「3V」「GND」は、**端子**です。これらはプロセッサにつながっています。プログラムによって、音を出す機能や、タッチセンサ機能などを設定することができます。

端子には、プログラミングできる「0」「1」「2」の端子と、電源とつながる「3V」「GND」の端子があります。よく見るとこれらの端子の間にも細い分割があります。実はこの細い分割も一つひとつが端子となっています。MakeCodeエディタ（→ CHAPTER 3 ）からは見つかりにくくなっていますが、ここもプロセッサにつながっていて、電気信号が流れます。ミノムシクリップなどを使うときは、ほかの端子と一緒に挟んでしまわないようデリケートに扱ってください。

なおMakeCodeエディタでは、「高度なブロック」→「入出力端子」にある「デジタルで読み取る」ブロックなどで端子に関するプログラミングができます。

⑤ 光センサ

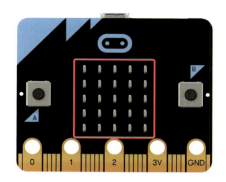

　光センサは、周囲の明るさを調べることができます。LEDには電気を流すと光るという性質がありますが、逆に、光を当てるとわずかに発電する性質もあります。その性質を応用しているものが光センサです。自分のLEDの明るさの影響を受けないのだろうか？　と疑問に思うかもしれませんが、micro:bitがLEDを光らせるときには、目に見えない速度で高速に点滅していて、LEDが消えた一瞬でセンシングしているので大丈夫なのです。

　明るさは、０〜55の数値として得られます。

⑥ 加速度センサ

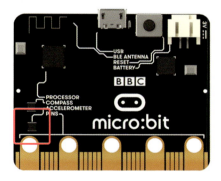

　加速度センサは、micro:bitの傾きを「Ｘ，Ｙ，Ｚ」の３方向で調べることができます。傾きだけでなく、その方向にどのくらいの力がかかったのかもセンシングできます。たとえば、micro:bitを持って腕をブンブン振り回したときの遠心力や、micro:bitが放り投げられて落下するときの重力などを調べられるのです。加速度の単位は「Ｇ」で、ただ地上に立っているだけなら１Ｇ、自由落下しているなら０Ｇです。プログラムによって、計測範囲を１Ｇ、２Ｇ、４Ｇ、８Ｇのいずれかに設定できます。

　「Ｘ，Ｙ，Ｚ」いずれの方向も、初期設定では「１Ｇ」となっており、−1024〜1023の数値が得られます。「８Ｇ」に設定すると、−8192〜8191の数値となります。

□ ⑦ デジタルコンパス

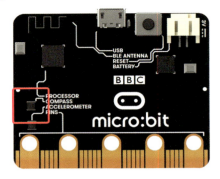

　デジタルコンパスは、地球の磁力をセンシングして、方位磁石のように東西南北どちらを向いているのかを調べることができます。
　方角は、0〜359までの角度の数値として得られます。

□ ⑧ 磁力センサ

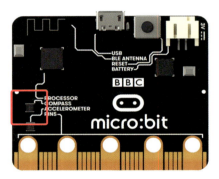

　磁力センサは、デジタルコンパスと同じ原理で、磁石が近づいたことをセンシングできます。磁力の大きさはマイクロテスラ（μT）という単位で数値として得られます。磁力センサをうまく使えば、磁石を使ってドアの開閉などを検知することができます。この機能はシミュレーターでは動作しないので、実際に工作とプログラミングをしながら確認することになります。

□ ⑨ 温度センサ

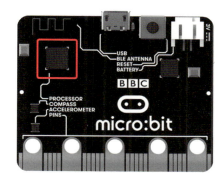

　温度センサは、micro:bitの周囲の温度を知ることができます。この温度センサは、発熱するプロセッサの温度監視のために、プロセッサ内部に入っています。ですから、部屋の温度や気温を正確にセンシングするのではなく、おおよそ2〜3℃高めの数値が返ってきます。だいたいの周囲の温度と考えてください。

　計測範囲は−5〜50℃で、−5〜50の数値として得られます。

□ ⑩ 無線

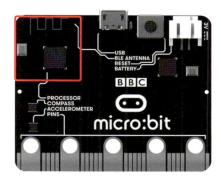

　MakeCodeエディタにある**無線**を使うと、micro:bit同士で無線通信が可能です。とてもかんたんに設定できて、2台以上のmicro:bitでデータを送受信することができます。この無線通信はmicro:bit以外の機器と互換性はありませんが、さっと無線化できるので素早くアイデアを試すことができます。この手軽で高機能な無線通信は、micro:bitの最も注目すべき機能といえるでしょう。

　無線は、送信する側と受信する側で「無線のグループ」を同じ数値に設定するだけで使えます。この数値は0〜255の256通りあります。

⑪Bluetooth

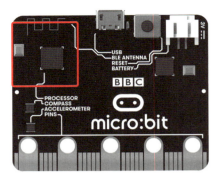

周波数帯域：
2402〜2480MHz

Bluetooth バージョン：
V4.0 Bluetooth Low Energy

無線通信機能には、「無線」だけでなく**Bluetooth**もあります。Bluetoothを使うには、「パッケージを追加する...」から選択して追加する必要があります。micro:bitはBluetooth Low Energy無線を特徴としていますが、Bluetoothを使うとプロセッサの大部分の**RAM**（さまざまな処理を行うメモリのこと）をそれだけで使ってしまいます。Bluetoothより単純でRAMの使用が少ない無線が用意されているので、単純な通信の場合は「無線」の使用がよいでしょう。

ちなみに、MakeCodeエディタと並んで、もう1つの公式開発環境であるMicroPythonは、2019年5月現在、Bluetoothをサポートしていません。詳しくは以下のURLを確認してください。

https://microbit-micropython.readthedocs.io/ja/latest/ble.html

012

□ ⑫ マイクロUSBコネクタ

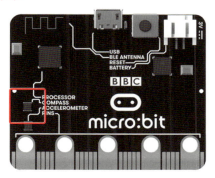

マイクロUSBコネクタは、パソコン（以下PC）とつなぐことで、PCからの電源供給とプログラムの書き換えが可能です。2018年10月のバージョンアップにより、ファームウェアをアップデートすることで、USBケーブルを経由してエディタから直接プログラムを書き換えたり、処理中の情報を数値やグラフで見たりできるようになりました（→ CHAPTER 10 ）。また、いろいろなソフトウェア（**Processing**や**ArduinoIDE**など → CHAPTER 10 ）とUSBケーブルを経由して通信することができます。

□ ⑬ リセットボタン

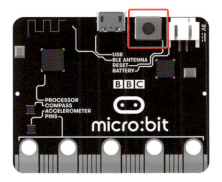

裏面の黒いボタンは、**リセットボタン**です。このボタンを押すと、プログラムが最初から始まります。動いているmicro:bitをいったんリセットして最初から動かしたい場合はもちろん、Bluetoothのペアリング操作のように、ABボタンを同時に押しながらリセットボタンを押す必要がある場合など、特殊なケースにも使います。工作する場合は、このリセットボタンを押すことができるように、指が入るよう隙間を作っておくとのちのち便利です。

このリセットボタンを押しながらmicro:bitとPCをUSBケーブルで接続すると、micro:bitは**メンテナンスモード**となります。メンテナンスモードは、プロセッサのファームウェアを書き換えるときなどに使用します。

□ ⑭ バッテリーコネクタ

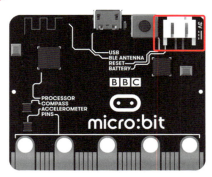

　裏面のクリーム色のコネクタは、3V（1.95〜3.6V）のバッテリーをつなげる**バッテリーコネクタ**です。バッテリーをつながなくても、USBケーブルでPCとつながっていれば電源供給できます。USBケーブルを取り外しても動かしたいときには、ここに1本1.5Vの乾電池を2本直列にして3Vにする電池ボックスが便利です。このコネクタ形状は、日本圧着端子のPHコネクタ2ピンなので、PHコネクタ付きの電池ボックスを準備するとよいでしょう。スイッチ付きだとさらに便利です。

　なお、モバイルバッテリーの電圧は5Vになります。このコネクタにつなぐとmicro:bitを壊してしまう恐れがあるので、⑫で説明したマイクロUSBコネクタにつないでください。また、どのモバイルバッテリーでも使えるわけではありません。どのようなモバイルバッテリーを選べばよいかは CHAPTER 2 を参考にしてみてください。

COLUMN

「3V」と「GND」の端子に電池をつなぐ

　「3V」と「GND」の端子にも電池をつなぐことができます。バッテリーのプラスと「3V」、マイナスと「GND」をつなぎます。

　最大電圧は3Vまでとなっています。また、ここには誤ってプラスマイナスを逆にした際の保護部品（**ダイオード**）が付いていません。「3V」と「GND」の端子にバッテリーをつなぐ際には、電圧とプラスマイナス方向に十分に気を付けてください。

❸ プログラミングと工作を始める前の注意

　早くmicro:bitを使った実践にいきたいところですが、始める前の注意点をいくつか紹介しておきます。これらは筆者がmicro:bitを使っていくうちに、いくつか失敗もしながら知ったことです。失敗の経験も踏まえて「最初に知っていたらよかった」と思ったことを解説します。

☐ 事故を起こさないために ── 基板がむき出しであることを理解する

　部品も基板パターンもむき出しになっていますので、うっかり傷付けたり、電気の流れるものを乗せたりしないようにしましょう。筆者は、電池とつないだmicro:bitと金属のカギを一緒にポケットに入れて歩いていたところ、ポケットが熱くなってきました。ポケットから取り出して確認すると、カギが絡まって3VとGNDに接触していたため、micro:bitと電池周辺が発熱していました。気づかず放置しておくと火傷や火災の原因となる可能性もあります。

　とくに、子どもたちや電子回路に慣れていない人は、注意するようにしましょう。

☐ 壊さないために① ── 安全な電源電圧を理解する

　公式サイトの情報をもとに、安全に使える電源電圧を記しておきます。micro:bitには複数のマイコンやセンサが使われています。それぞれに最小電圧と最大電圧が決まっていて、メインのマイコンだけを見ると、1.8〜3.9Vとなります。しかし加速度センサや磁力センサなどを考慮すると、安全に使用できる電源電圧は1.95〜3.6Vです。

Device	min	max	absolutemax
NRF51	1.8V	3.6V	3.9Vabs
KL26	1.7V	3.6V	3.8Vabs
MMA8653FC	1.95V	3.6V	3.6Vabs
MAG3110	1.95V	3.6V	3.6Vabs

https://tech.microbit.org/hardware/powersupply/ より引用

ネット上では、**リチウムイオンバッテリー**（標準電圧3.7V）を直接バッテリーコネクタにつないだ事例がいくつか見つかりますが、上記の電圧範囲を超えていますので推奨できません。
　micro:bitが問題なく動いているように見えても、徐々にダメージを与えていることになります。バッテリーコネクタ経由で3.6Vを超える電源を使用したい場合は、micro:bitにつなぐ前に3.3V定電圧レギュレータなどの回路を追加してください。

□ 壊さないために ② ── 端子の傷付きやすさを理解する

　micro:bitでは**ミノムシクリップ**（上写真のようなクリップのこと）で端子を挟むのが一般的な方法のようですが、普通に挟んだだけでも、かんたんに基板パターンが傷ついてしまいます。世界中で使われているといっても、どのような使われかたをして、どのくらいの頻度で壊れてしまうのか、日本語による細かい情報があまりなく未知数です。講師をされる方は、念のため予備のmicro:bitの準備もしたほうがよいでしょう。

このチャプターのまとめ

> ポイント
> □ micro:bitは、高性能なマイコンボードで、世界中の教育現場で使われている
> □ micro:bitは、ブラウザだけで開発環境をかんたんに構築できる
> □ micro:bitは、ボタンやセンサで情報を外から受け取ったり、LEDで情報を外に伝えたりできる

CHAPTER

2

プログラミングと工作のための準備

CHAPTER

2 | プログラミングと 工作のための準備

　micro:bitでプログラミングや工作を始める前に、必要な準備について紹介します。読者のなかにも「とにかくすぐにでも始めたい人」と「少し時間がかかっても念入りに準備をしたい人」がいらっしゃると思いますので、「最低限の準備」と「用途に応じた準備」の2種類に分けて解説します。

❶ 最低限の準備

準備
- micro:bit
- USBケーブル
- PC（ブラウザのGoogle Chromeが動くもの）

※USBケーブルは、PC側はUSBタイプAオス、
　micro:bit側はUSBマイクロBオスです。
　ただし、最近のPCではPC側がUSBタイプCの場合があります。

　「最低限の準備」とは、micro:bitに最初から実装されている機能を使って、プログラミングを楽しむための準備です。micro:bit本体・USBケーブル・Google Chromeの動くPCの3つがあれば、micro:bitに自分が作ったプログラムを書き込んで動かすことができます。また、 CHAPTER 5 で説明するシミュレーターがとてもよくできていますので、micro:bit本体が手元にない人でも、自分のプログラミングを画面上で動作確認することができます。とにかくすぐに始めたい、という人は、プログラミングを扱う CHAPTER 3 へ進んでみてもよいでしょう。
　とはいえ、これだけでできることは限られています。たとえばmicro:bitにはスピーカーがないので、そのままでは音は出せません。スピーカーなどの準備については、次の「❷用途に応じた準備」で解説します。まずはできるだけ少ない準備で始めて、なにができるのか徐々にわかってきてから、目的に応じてその他の準備をするとよいと思います。

❷ 用途に応じた準備

ここではmicro:bitだけでは実現できない内容を用途に分けて、その準備について解説します。

● **USBケーブルなしで動作させる**
> 準 備
> ・電池ケース
> ・乾電池 or コイン電池
> ・モバイルバッテリー

● **音を出す**
> 準 備
> ・イヤフォン or ヘッドフォン
> ・ミノムシクリップ付きコード

● **PCと通信させる**（シリアル通信）
> 準 備
> ・USBケーブル

□ USBケーブルなしで動作させる

　1.5Vの乾電池を2本直列につないで3Vにしたものか、3Vのコイン電池、もしくはモバイルバッテリーを使うことで、USBケーブルなしでmicro:bitを動かすことができます。

　どの電池を選ぶか悩んでしまうかもしれませんが、大きさと持ち時間はおおむね比例しています。スマートフォンを使い慣れていると「小型で長持ちする電池」を真っ先に考えがちですが、値段が高くなり、追加の電子回路が必要になる場合もあります。これらのバランスを考えて電池を選びます。電池選びは、これから説明する「入手しやすさ」「大きさ」「電池の持ち時間」の3種類の観点から判断するとよいと思います。

● **入手しやすさ**

　単3電池などのアルカリ乾電池は、スーパーでもコンビニでも100円ショップでも、もちろん電気屋さんでも売っています。単1・単2電池でも構いませんが、micro:bitより大きく重たくなるので、単3・単4程度が現実的かと思います。

　micro:bitでは3Vをつなぐので、1.5Vの乾電池が2本必要です。200〜300円で買えるでしょう。アルカリ電池より値段の安いマンガン電池がありますが、アルカリ電池のほうが長持ちします。なお、単1・単2・単3・単4などの違いは大きさだけです。大きいとそれだけ多く電気を蓄えているので長持ちします。

　大きくて重くても構わなければ、単1・単2も選択肢に入ります。とはいえ、micro:bitは省エネルギーなので、単3・単4電池いずれか2本で十分です。あとは電池ボックスの入手しやすさも考えて、どちらかに決めるとよいでしょう。

● **大きさ**

　小さくしたいならコイン電池に決まりです。**CR2032**というリチウムコイン電池は、直径2センチ×高さ3.2ミリのコイン型ですが、1つで3Vあります。これも最近ではコンビニや100円ショップ、電気屋さんなどで入手できます。しかし、micro:bitにつなぐための電池ケースがやや入手しづらいことが難点です。Kitronik社の**MI:power module**は、秋葉原やネットでしか買えませんが、micro:bit用にとてもコンパクトにコイン電池を収めることができます。

● 電池の持ち時間

　電池の持ち時間で選ぶなら、モバイルバッテリーがよいでしょう。ただし、どんなモバイルバッテリーでもよいわけではありません。多くのモバイルバッテリーには自動パワーオフ機能があり、micro:bitのような省エネルギーなデバイスをつなぐと、一定時間後にパワーオフしてしまいます。のちほど、micro:bitでも安心して使えるモバイルバッテリーを紹介します。

　電池の持ち時間を少ない方から順に並べると、おおよそ
コイン電池 ＜ 単4電池・単3電池 ＜ モバイルバッテリー
となります。

※インターネットではリチウムイオンポリマーバッテリー（以下リポバッテリー）をmicro:bitのバッテリーコネクタにつなぐ事例が紹介されていますが、実はリポバッテリーをバッテリーコネクタに直接つなぐとmicro:bitを故障させる原因となります。micro:bitのバッテリーコネクタと、リポバッテリーのコネクタ形状が同じ場合も多いので、注意してください。

● 電池ケース

単3・2本の電池ケース

筆者購入時のデータ
・購入店：（株）秋月電子通商
・価格　：70円／1コ

http://akizukidenshi.com/catalog/g/gp-12665/

単4・2本の電池ケース（スイッチ付き）

筆者購入時のデータ
・購入店：（株）スイッチサイエンス
・価格　：432円／1コ

※価格は2018年6月のデータです。品揃え・価格・商品URLなどは変更される可能性があります。

https://www.switch-science.com/catalog/5277/

モバイルバッテリーには必要ありませんが、単3電池・単4電池・コイン電池を使う場合は、3Vになる電池ケースが必要です。micro:bitのバッテリーコネクタの最大電圧は3.6Vで、端子のある「3V」「GND」の最大電圧は3Vです。端子側にはプラスマイナスを逆にしたときの保護部品が入っていませんので、とくに注意してください。

　オススメする電池ボックスは、ケーブルの先にJST（日本圧着端子製造（株））のPHコネクタが付いているものです。micro:bitには、PHタイプのバッテリーコネクタが付いているので、電池ボックスをすぐに取り付けられますし、取り外しも容易です。さらにフタやスイッチが付いた電池ボックスもあります。

　参考までに、（株）秋月電子通商では単3電池2本でPHコネクタ付きスイッチなし電池ボックスが売られています。また（株）スイッチサイエンスでは、単4電池2本のPHコネクタ付きスイッチ付き電池ボックスが売られています（いずれも2019年5月）。

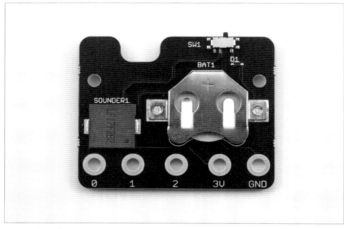

Kitronik社の「MI:power board」。
（株）秋月電子通商・（株）スイッチサイエンスなどで購入可能

　コイン電池を使う場合は、前述したKitronik社のMI:power boardが便利です。コイン電池フォルダが載っていて、とてもコンパクトになるよう設計されています。スピーカーも付いているので音を鳴らすこともできます。

● モバイルバッテリー

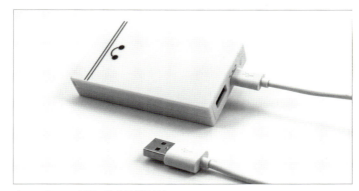

cheero Canvas 3200mAh IoT 機器対応
https://cheero.net/canvas-iot/

　モバイルバッテリーの場合は、気をつけるポイントが1つあります。とくにスマートフォン充電用モバイルバッテリーに多いのですが、バッテリーから放電される電流を監視して、自動パワーオフ機能が働くものがあります。この機能は、スマートフォンが充電完了かどうかを判断するもので、バッテリーからの放電が少ないと充電完了と判断してバッテリーをパワーオフさせます。

　micro:bitはとても少ない電力で動作するので、モバイルバッテリーによっては自動パワーオフ機能が働くことがあります。やっかいなのは、接続してしばらくは自動パワーオフするかどうか監視する時間があり、その時間はmicro:bitも正常に動作することです。最初は動いていたのに数分後に動かなくなっていた、などの気がつきにくいトラブルの原因となりえます。
　もしモバイルバッテリーを使いたい場合は、IoT用として市販されているものがオススメです。このバッテリーは、自動パワーオフ機能が働かないようにできます。IoT機器の多くも、とても少ない電力で動くので、ToT機器用のモバイルバッテリーはmicor:bit用として最適です。

> ポイント
> □ 電池は、入手しやすさ・大きさ・電池の持ち時間の3種類の観点から判断するとよい
> □ 電池ボックスは、PHコネクタ付・スイッチ・フタの付いたものがよい
> □ コイン電池の場合はmicro:bit専用の基板がコンパクトでよい
> □ モバイルバッテリーは自動パワーオフ機能もあるため、IoT用のモバイルバッテリーがオススメ

□ 音を出す

● イヤフォン・ヘッドフォン・スピーカー

イヤフォン（先端が3つに分かれたジャック）

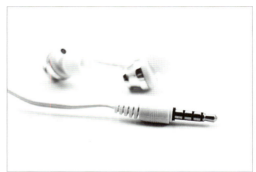
マイク付きイヤフォン（先端が4つに分かれたジャック）

　電気で音を出すためには、スピーカーなどの、音を出力する電子部品が必要になります。入手しやすいものでは、イヤフォンやヘッドフォンが使えます。ただし、とっさの音量調整がしづらいので、プログラムによってはとても大きな音を出力してしまう可能性があります。大切なイヤフォンやヘッドフォンにダメージを与えたくない場合は、確認用に100円ショップなどで安価なものを購入したほうがよいでしょう。

　micro:bitのMakeCodeエディタで音を使うブロックを配置すると、シミュレーターが下画像のように変化します。ステレオミニジャックの絵が現れて、どこに配線すればよいか教えてくれます。

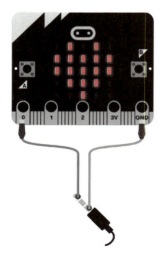

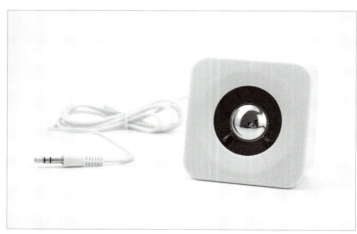
スピーカー（ケーブルの先端がイヤフォンやヘッドフォン用のジャックになっている）

024

● **ミノムシクリップ付きコード**

　両端にミノムシクリップの付いたコードがあると便利です。挟むだけで電気的につなぐことができるので、手軽に回路を作ってプログラムの動作を試すことができます。

● **ジャックとコードのつなぎかた**

先端が3つに分かれたジャックの場合

　一般的なイヤフォンジャックは、ステレオで先端が3つに分かれています。根本に近い方がグランド、先端がL、真ん中がRのスピーカーにつながっています。

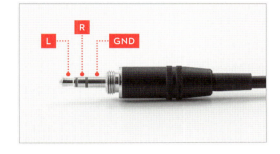

　micro:bitのシミュレーターにならってミノムシクリップでステレオミニジャックを挟みます。この場合は、左側からしか音が出ません。

　ちょっと強引ですが、両方から音を出したい場合は、「L」「R」をミノムシクリップで同時に挟んでmicro:bitの「0」端子につなぎ、「GND」はmicro:bitの「GND」端子につなぎます。

先端が4つに分かれたジャックの場合

最近の高音質なイヤフォンやヘッドフォンでは、先端が4つに分かれているものがあります。

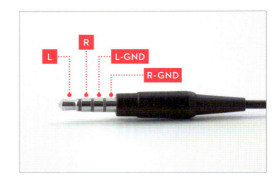

先端が4つに分かれている場合は、「L」をmicro:bitの「0」端子に、「L-GND」をmicro:bitの「GND」端子につなぐと音が出ます。この場合は、左側からしか音が出ません。

こちらもちょっと強引ですが、両方から音を出したいときの例です。「L」「R」をミノムシクリップで同時に挟んでmicro:bitの「0」端子につなぎ、「L-GND」「R-GND」をミノムシクリップで同時に挟んでmicro:bitの「GND」端子につなぎます。

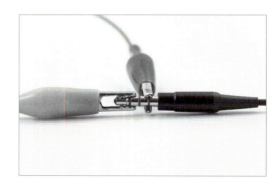

● **音量に注意**

プログラミングで少し設定を変えただけでも、思いもよらない大きな音や高音が出ることがあります。イヤフォンやヘッドフォンを耳に着ける前にmicro:bitを動作させて、音を出してみたほうがよいでしょう。

□ PCと通信する（シリアル通信）

　micro:bitはUSBケーブルでPCとつなぐことで、PCとデータを通信することができます。この通信は**シリアル通信**と呼ばれ、コンピュータにとってシンプルな通信方法です。シンプルなだけに、いろいろなソフトが対応しています。オープンソースのProcessingなどと通信できるので、micro:bitのセンサの状態をPCの画面でグラフにしたり、センサに反応するビジュアルやサウンドを作ったりできます（→ CHAPTER 9 ）。ここではその準備について解説します。

● シリアル通信ドライバのインストールが不要なOSと必要なOS

　あなたのPCがmacOSやLinux、あるいはWindows 10以降のOSの場合、**シリアル通信ドライバをインストールする必要はありません。**

　シリアル通信ドライバのインストールが不要なOS
　・Windows 10 以降のバージョン（Windows 10 Homeで確認）
　・Mac（macOS Sierra 10.12.6 で確認）
　・Linux（RASPBIAN STRETCH WITH DESKTOP 2018-4-18で確認）

　Windows 10より前のバージョンの場合は、シリアル通信ドライバをインストールする必要があります。

　インストール時の注意点として、micro:bit本体をUSBケーブルでPCと接続する必要があることが挙げられます。筆者の場合は、PC教室にあるWindows 8.1のPCにシリアル通信ドライバをインストールする際、システム管理者にメールでインストールしておくように依頼したのですが、「micro:bit本体がなければインストールできない」ということがわかり、急遽micro:bitを持参しての作業となりました。講師などをされる方は、ご注意ください。

● **シリアル通信ドライバをインストールする（Windows10より前のOS）**

micro:bitのプロセッサは、ARM社のマイコンが使われています。シリアル通信のドライバは、micro:bit用に用意されているのではなく、ARM社のmbed（エンベッド）と呼ばれるワンボードマイコンの開発環境のために用意されています。

そのため「micro:bit」という言葉が出てこないままインストールする流れになります。繰り返しますが、Windows10以降、macOS、Linuxではインストールは不要です。

まず、以下のURL にアクセスします。

https://os.mbed.com/docs/latest/tutorials/windows-serial-driver.html

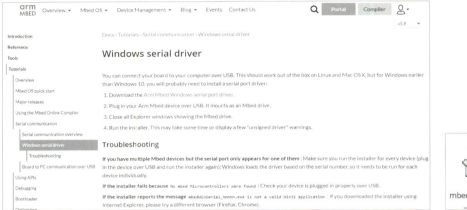

ページにあるリンクをクリックすると、インストーラーがダウンロードされます。

インストールするときに、micro:bitをUSBケーブルでPCとつなぐ必要がありますので、まずmicro:bitとPCをつなぎましょう。次にインストーラーをダブルクリックし、管理者権限を求める画面が出た場合は、許可してください。そのままインストーラーに従ってクリックしていくと、シリアル通信ドライバがインストールされます。

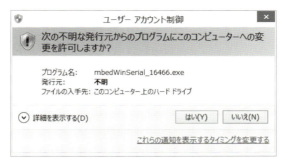

　2018年10月、micro:bitはバージョンアップして新しい機能が追加されました。その機能を使うと、MakeCodeエディタとmicro:bitは直接的に通信することができます。これもPCと通信する1つの方法としてここで説明したいのですが、micro:bitプロセッサ内のファームウェアもバージョンアップする必要があるため、少し大変です。

　この機能がなくてもmicro:bitは十分に楽しめるので、ここではまだ説明しないでおきます。CHAPTER 10 にまとめてありますので、知りたい方はそちらを参考にしてみてくださいね。

このチャプターのまとめ

> ポイント
> □ すぐ始めたい人は、micro:bit本体・USBケーブル・PCがあればOK
> □ じっくり準備したい人は、用途に応じて電池ボックスやイヤフォンを用意しよう

CHAPTER

3

MakeCodeエディタの使いかた

CHAPTER 3 MakeCodeエディタの使いかた

　ここでは**MakeCodeエディタ**の準備と、エディタ画面の解説をします。ブロック自体の詳細を解説する前に、基本的なブロックプログラミングの方法からmicro:bitへの書き込みまで、その使いかたを把握しておきましょう。

❶ MakeCodeエディタへのアクセス

「makecode」で検索してください。Microsoft MakeCodeがヒットします。

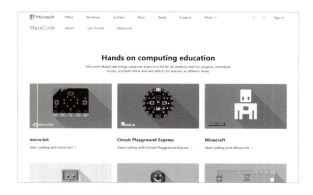

　インターネットにつながるPCで、https://makecode.com/にアクセスしてください。このページから「micro:bit」を選びます。ブラウザは、Windows・macOS・Linuxすべてで同じように使えるGoogle Chromeがオススメです。

　MakeCodeエディタの**ホーム画面**です。ホーム画面では、新しくプロジェクトを作ったり、キャッシュに残っているプロジェクトに戻ったり、保存しておいたプログラムのファイルを読み込んだりできます。

　はじめてホーム画面にアクセスした際には、ページ上部に**Cookie**に関するメッセージが出ます。Cookieとは、ユーザーの行動情報をブラウザに保存するものですが、個人情報などには影響ありません。おもに広告配信やユーザーの利便性向上に使われているものです。ちょっと不安になるメッセージだと思うかもしれませんが、しばらく使っていると消えますので、気にしなくてよいでしょう。

　それでは、「新しいプロジェクト」をクリックして、プログラムを作っていきます。

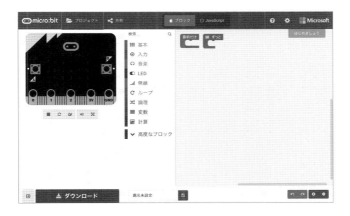

　MakeCodeエディタを開きます。URL（https://makecode.microbit.org）をブックマークしておくとよいでしょう。

　なお、一度インターネットを介してMakeCodeエディタを開けば、キャッシュが残っている限り、インターネットにつながってなくてもMakeCodeエディタを使うことができます。ただし、拡張機能などすべての機能が問題なく使えるわけではないようですので、過信しないほうがよさそうです。回線が不安定な場所で使う可能性がある講師の方は、事前準備の際に接続を切って、予定しているプログラムを一通り作ることができるのか、念入りに確認したほうがよいでしょう。

❷ MakeCodeエディタ画面の説明

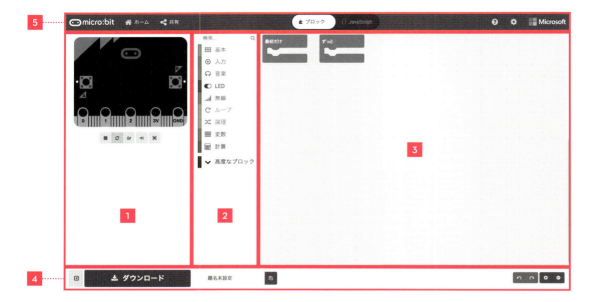

MakeCodeエディタは、5種類のエリアに分けられます。

1 **micro:bitシミュレーター**でプログラムをリアルタイムでシミュレーションしてくれるエリア
2 「基本」や「入力」など、さまざまな機能をもったブロックを選べるエリア
3 選んだブロックを配置し、実際にプログラムを組み立てるエリア
4 完成したプログラムをダウンロードするボタン、名前を付けて保存するボタン、プログラミングスペースの拡大・縮小ボタン、アンドゥ・リドゥボタンがあるエリア
5 ホーム画面に戻るボタン、共有するボタン、ブロックとJavaScriptを切り替えるボタン、ヘルプやプロジェクトの設定ボタンなどがあるエリア

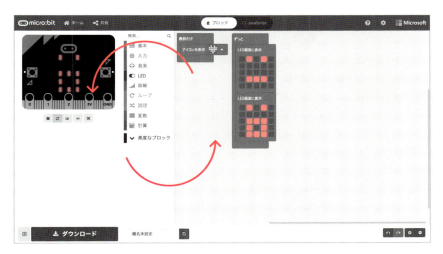

　実践では、前ページの 2 でブロックを選び、3 のプログラミングスペースと往復しながら、1 のシミュレーターで動作を確認していくことになります。

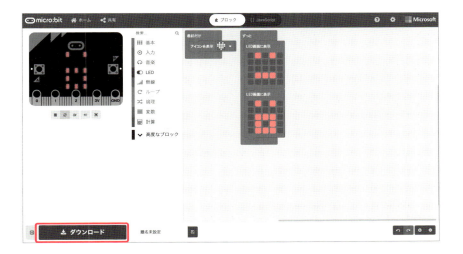

　シミュレーターで問題なく動くようであれば、4 でダウンロードし、minco:bit本体に書き込みます（書き込みの方法はこのあと説明します）。

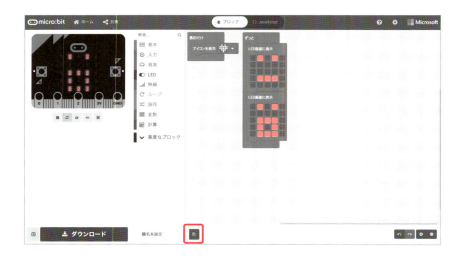

　プロジェクトをファイルとして保存しておきたい場合は、同じく 4 の「題名未設定」のところに任意の名前を入力して保存します。

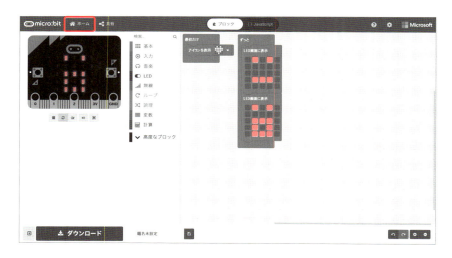

　まっさらな状態で新しくプロジェクトを作りたい場合は、5 の「ホーム」でホーム画面に戻り、新しいプロジェクトを作ります。はじめてアクセスしたときのように、新しい画面が表示されます。

　おおまかな流れを踏まえたところで、MakeCodeエディタでのプログラミングとmicro:bit本体への書き込みの流れを、例題に習って一通り体験してみましょう。

❸ ブロックプログラミングから書き込みまでの体験

LET'S TRY

ボタンを押したらアイコンが変わる
アニメーションを作ってみましょう

どのように？

プログラミングをして、その結果を目で見て確認してみましょう。AやBのボタンを押すとLEDで表示されるアイコンが変わるプログラムを通じて、MakeCodeエディタの基本的な使いかた（ブロックの配置、コピー、削除の操作）を解説します。さらに、プログラムを組んだあとには、シミュレーターで動作確認をし、micro:bit本体に書き込みます。

手 順

| 1 | micro:bitがスタートしたらLEDアイコンを表示する〈MakeCodeエディタ〉
| 2 | ボタンAを押したらアイコンが変わるようにする〈MakeCodeエディタ〉
| 3 | ボタンBを押したらアイコンが変わるようにする〈MakeCodeエディタ〉
| 4 | シミュレーターで動作を確認する〈MakeCodeエディタ〉
| 5 | プログラムをmicro:bit本体に書き込む〈MICROBITドライブ〉

| 手順 1 | micro:bitがスタートしたらLEDアイコンを表示する

　はじめから表示されている「最初だけ」ブロックに、「基本」から「アイコンを表示」ブロックを選び、ブロックを組みます。

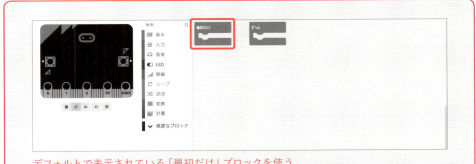

デフォルトで表示されている「最初だけ」ブロックを使う

037

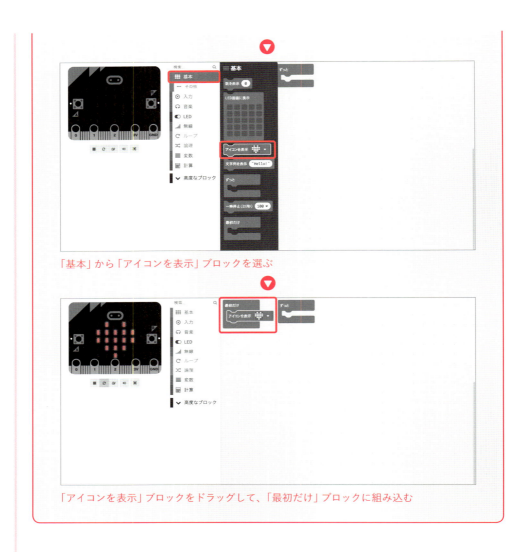

ここまでのプログラミングで、micro:bitを起動するとハートマークが表示されるプログラムができました。

038

| 手順 2 | ボタンAを押したらアイコンが変わるようにする

「入力」から「ボタンAが押されたとき」ブロックを選んで置き、そのなかに「基本」から「LED画面に表示」ブロックを選んで組みます。

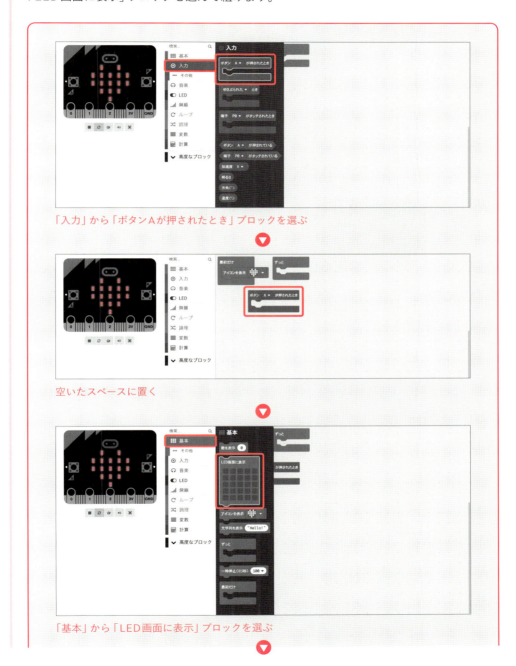

「入力」から「ボタンAが押されたとき」ブロックを選ぶ

空いたスペースに置く

「基本」から「LED画面に表示」ブロックを選ぶ

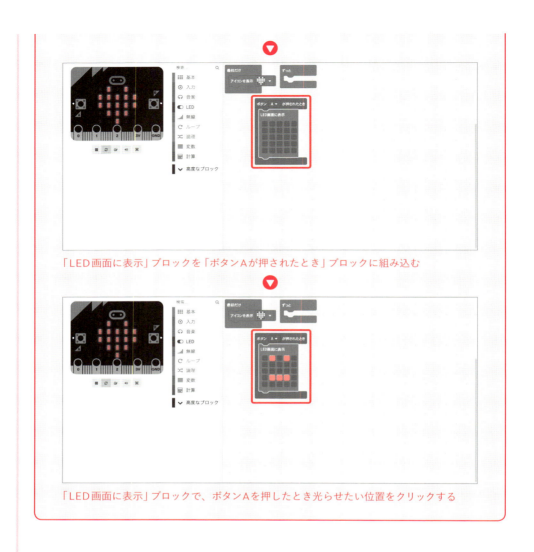

ボタンAを押したとき、「LED画面に表示」で指定した位置のLEDが光るようになりました。

| 手順3 | ボタンBを押したらアイコンが変わるようにする

「ボタンAが押されたとき」ブロックをコピーして「ボタンBが押されたとき」ブロックを作り、手順2と同じ要領で好きな位置のLEDが光るようにします。

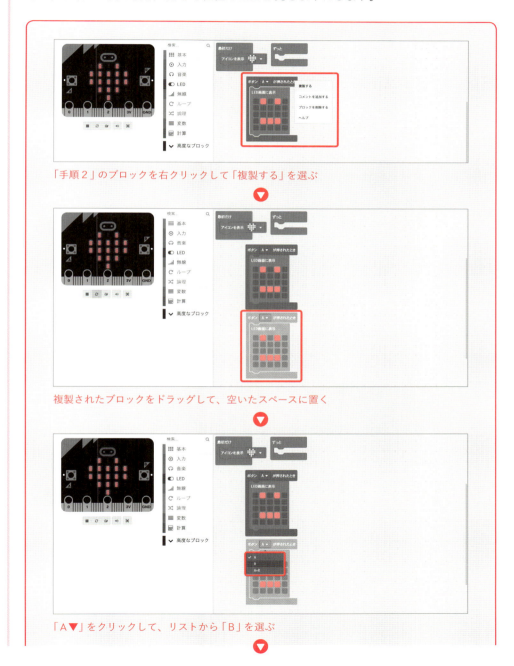

「手順2」のブロックを右クリックして「複製する」を選ぶ
▼

複製されたブロックをドラッグして、空いたスペースに置く
▼

「A▼」をクリックして、リストから「B」を選ぶ
▼

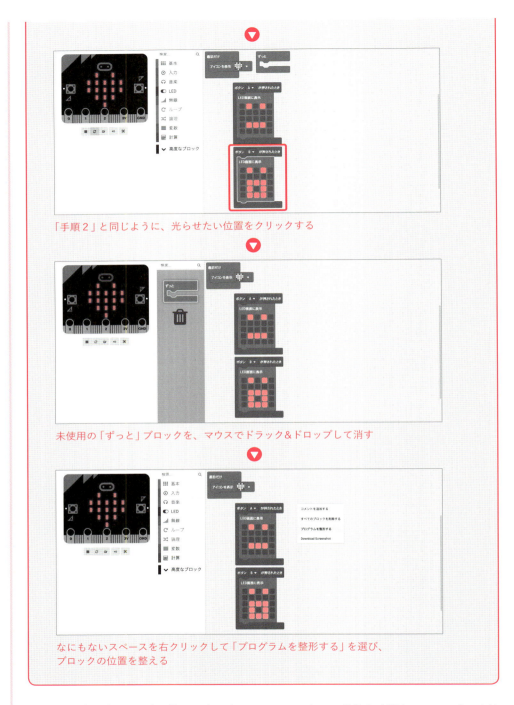

これでプログラミングは終了です。次にシミュレーターで動作を確認し、micro:bit本体に書き込んでみます。

| 手順 4 | シミュレーターで動作を確認する

　シミュレーターでボタンAとBをクリックすると、プログラムの動作確認ができます。なお、シミュレーターのボタンはマウスのボタンをクリックして離したときに反応します。

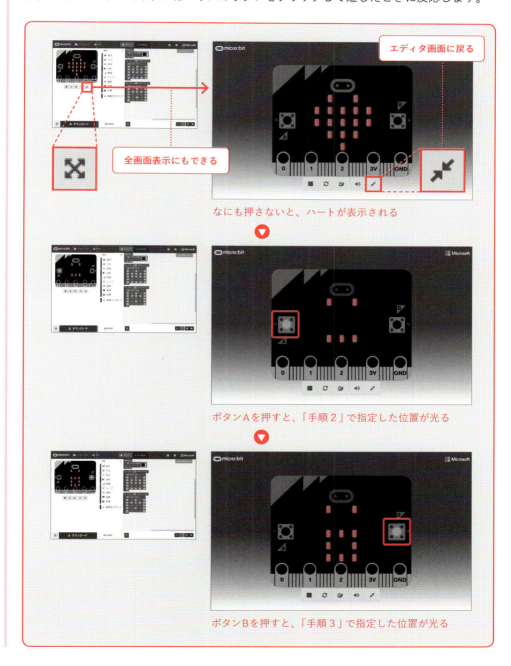

043

| 手順 5 | プログラムをmicro:bit本体に書き込む

　Windowsでの書き込み、Macでの書き込みを解説します。micro:bit公式サイトのクイックスタート（https://microbit.org/ja/guide/quick/）にアクセスすると、GIFアニメーションの解説があってとてもわかりやすいです。

Windowsでの書き込み

　micro:bitをUSBケーブルでPCとつなぐと、「MICROBIT」というドライブが現れます。

　左下の「ダウンロード」ボタンを押すと、画面が変わります。

　左下にダウンロードされたプログラムのリンクが表示されるので、右側にある小さな矢印をクリックします。

044

「フォルダを開く」を選びます。

「MICROBIT」ドライブに、ドラッグ＆ドロップします。

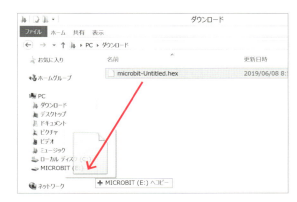

書き込みがスタートすると、micro:bit本体の黄色いLEDが点滅しますので、しばらく待ちます。そのLEDの点滅が終わるとmicro:bitのプログラム書き込みは完了です。

そのあと自動的にプログラムがスタートします。

macOSでの書き込み

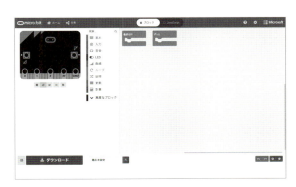

micro:bitをUSBケーブルでMacとつなぐと、「MICROBIT」ディスクが現れます。ここまではWindowsと同じです。

045

左下の「ダウンロード」ボタンを押すと、画面が変わります。

　左下にダウンロードされたプログラムのリンクが表示されるので、右側にある小さな矢印をクリックします。

　「Finderで表示」を選びます。

　表示されたファイル（拡張子が「.hex」）を、「MICROBIT」ディスクに、ドラッグ＆ドロップします。

　Windowsと同じく、書き込みがスタートすると、micro:bit本体の黄色いLEDが点滅しますので、しばらく待ちます。そのLEDの点滅が終わるとmicro:bitのプログラム書き込みは完了です。

046

そのあと自動的にプログラムがスタートしますが、macOSの場合は「ディスクの不正な取り出し」というメッセージが表示されます。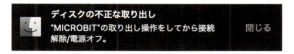

本来はUSBメモリなどを急に抜くと現れるメッセージで「データが消える可能性があるので注意！」という意味があります。こう聞くと不安に感じるかもしれませんが、micro:bitの場合は心配しなくて大丈夫です。micro:bitはプログラムの書き込みが終わると自動的にPCと再接続するためこのメッセージが現れますが、プログラムが消えることはありません。

　ここでは基本的な書き込み方法として、micro:bitのプログラムをファイルとしてダウンロードして、「MICROBIT」ドライブにマウスを操作して行う方法を紹介しました。2018年に行われたバージョンアップによって、「ダウンロード」ボタンをクリックするだけでプログラムを書き込むこともできるようになったのですが、それにはmicro:bit本体のファームウェアのバージョンアップが必要です（ CHAPTER 2 で紹介したPCとの通信と同じですね！）。その方法は CHAPTER 10 にまとめてあります。

このチャプターのまとめ

ポイント
- □ MakeCodeエディタは、1回アクセスすればオフラインでも使用できるが、拡張機能などすべての機能が使えるわけではない
- □ micro:bitのプログラミングは「プログラミング→シミュレーション→本体への書き込み」という手順で行う

CHAPTER

ブロックで知る機能と
基本のプログラミング

CHAPTER 4

ブロックで知る機能と
基本のプログラミング

　いよいよ具体的に、ブロックを使ったプログラミングへと入っていきます。マウスで配置できるブロックは、プログラムとして間違いのあるところには組めないようになっています。逆にいえば、プログラミングのやりかたが詳しくわからなくても、ブロックが組めればmicro:bitは動いてくれます。また、ブロックを組んだときには、カチャッ！という気持ちのよい音がします。
　MakeCodeエディタは、ついついブロックを組んでみたくなるような、楽しいエディタです。

COLUMN

ブロックの色と機能

　ブロックの機能は、色によって分かれています。この色分けによってプログラムの構造が視覚的にわかりやすくなります。この色分けは、本やWebなどで誰かの作ったブロックプログラムを参考に、自分で作ってみようとするときに便利です。はじめのうちは、ブロックがどこにあるのかわからないと思いますが、色を頼りに探すことができます。

　また、「基本」にはブロックのほかに「その他」というボタンがあります。ここを開くと、さらに機能のあるブロックが現れます。このように欲しい機能のブロックが隠れていることもあるので、一通り全体のブロックを見ておくとよいでしょう。

基本	関数
入力	配列
音楽	文字列
LED	ゲーム
無線	画像
ループ	入出力端子
論理	シリアル通信
変数	制御
計算	

050

ここから、micro:bitの機能とそのプログラミング例を、以下の順番で紹介していきます。

❶ LED
❷ ABボタン
❸ 音
❹ 光センサ
❺ 加速度センサ
❻ 磁力センサ
❼ 温度センサ
❽ マイクロUSBコネクタ
❾ 無線

❶ LED

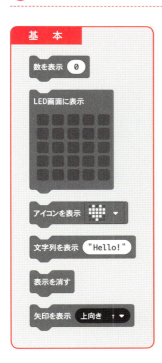
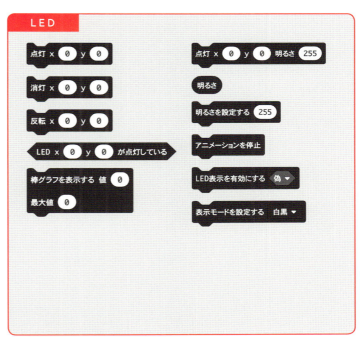

　LEDはmicro:bitに最初から実装されており、動作を目で見て確認できる代表的な機能です。単純に見た目を変えることももちろんですが、「micro:bitが正しく動いているか」「ブロックが正しく動いているかどうか」などについて知りたいところにLEDのブロックを配置して、プログラムの動作を目で確認する使いかたもできます。LEDに限らず、このような確認のためのプログラムを、プログラミング用語で**デバッグ**と呼びます。デバッグには、micro:bitの音の機能や、PCと通信する機能も使えますが、追加部品なしで確認できるLEDがシンプルで扱いやすいのでオススメです。

　LEDに関するブロックは、「基本」と「LED」から選ぶことができます

□ LEDにアイコンを表示する

　LEDにアイコンを表示する方法は、いくつかあります。手軽に絵を表示したい、オリジナルの絵にしたいなど、目的に応じて使い分けてください。

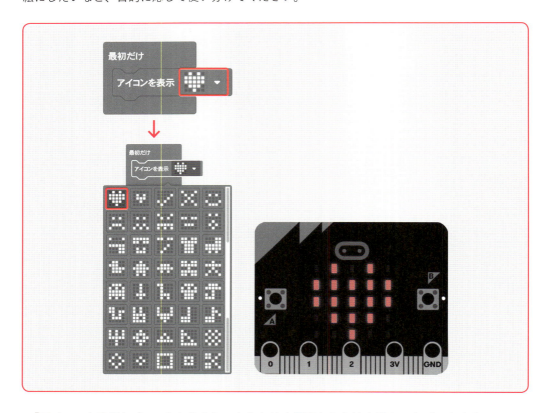

「アイコンを表示」ブロックを使うと、あらかじめ用意された絵を選ぶことができます。

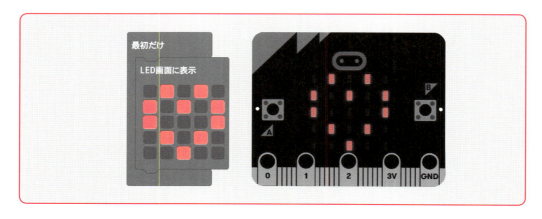

「LED画面に表示」ブロックを使うと、絵を自分で描くことができます。

□ LEDのドットをxとyで指定して光らせる

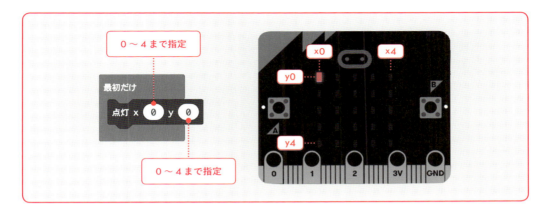

「LED」にある「点灯」ブロックを使うと、25個あるLEDを1粒ずつコントロールできます。「x」は横、「y」は縦の位置を指定するもので、xは0～4、yも0～4が選べます。

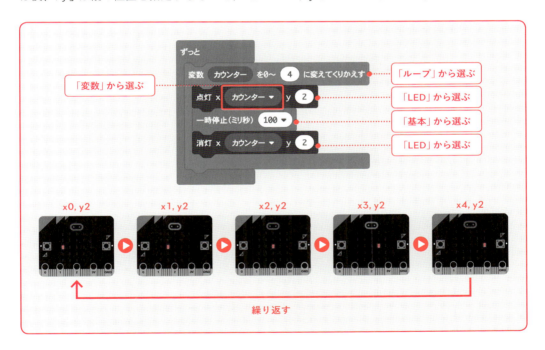

「ループ」から「変数カウンターを0～4に変えてくりかえす」を使って、LEDのドットを動かしてみました。「点灯」ブロックのxやyに、「変数」から「カウンター」という名前の変数を選び組み込むことで、LEDの位置を動かすことができます。この「カウンター」変数は「変数カウンターを0～4に変えてくりかえす」ブロックを使うと自動的に生成されます。そしてループのまとまりを「ずっと」のなかに組み込むことで、ずっとLEDが動いているように見えます。

□ LEDに棒グラフを表示する

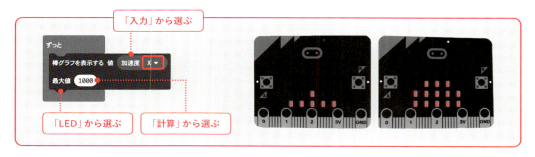

　加速度センサXの数値を、LEDの棒グラフで表示するプログラムです。加速度センサについてはこのあと詳しく解説しますが、ここではLEDを使う一例として紹介します。micro:bitを傾けることで、LEDの光が伸びたり縮んだりします。

□ LEDの明るさを変える

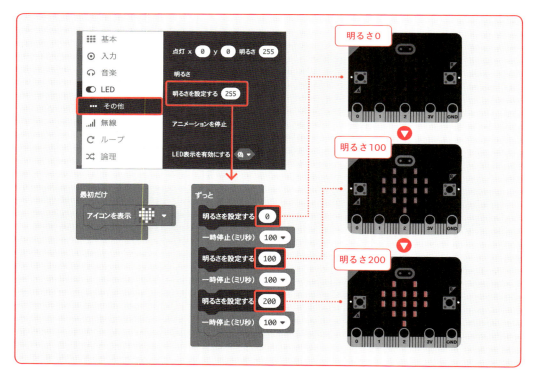

　LEDの明るさを変えることもできます。「LED」の「その他」のなかに「明るさを設定する」ブロックがあり、0（オフ）〜255（フルに明るい）の範囲で明るさを数値で指定できます。

❷ ABボタン

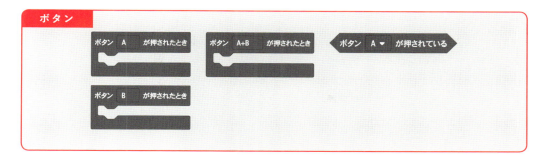

　「入力」にある「ボタンAが押されたとき」ブロックを配置しても、ボタンを押してなにをするのかをプログラミングしなければ、なにも起こりません。ここでは、ボタンを使ってなにが起こったか、LEDで確認できるようなプログラムを解説します。ボタン1つとっても、プログラミングによっていろんな使いかたができます。

☐「ボタンが押されたとき」ブロックについて

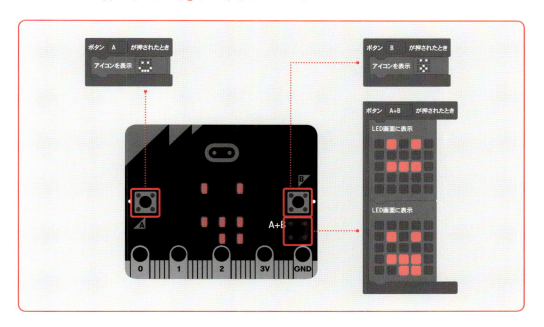

　ボタンの操作には「ボタンAが押されたとき」「ボタンBが押されたとき」「ボタンA + Bが押されたとき」の3種類があります。上のプログラムでは、ボタンAを押すとうれしい顔、ボタンBを押すとびっくり顔、ボタンAとBを同時に押すとアカンベーをします。

☐ ボタンが押された回数を数える

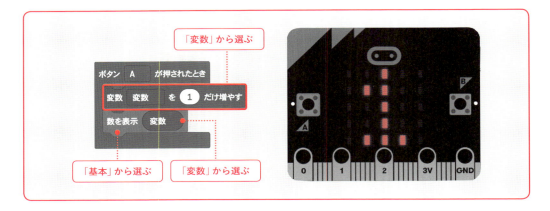

　ボタンが押された回数を数えるには、それを数えるための**変数**を準備します。上のプログラムは、シンプルな数を数えるものです。数はLEDで数字として表示されます。

☐ ボタンが押された回数を数える

　変数を作るには、「変数」から「変数を追加する...」をクリックします。すると変数に名前を付けるダイアログが表示されるので、名前を付けます。日本語でも英語でもかまいません。ここでは「変数」という名前を付けました。変数が作成されると、ブロックで選べるようになります。

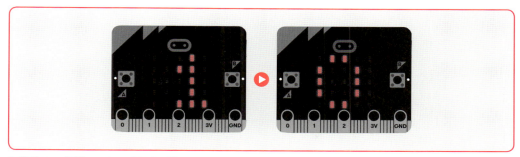

変数が10の状態。1と0が同時に表示できないため、1つずつスクロールされる

　一応問題なく動作しますが、micro:bitのLEDは数が10以上になると数字が1画面におさまらず、1と0がスクロールで表示されます。「10」を「1」もしくは「0」とまちがえたりしやすいので、変数を0〜9までに制限するプログラムを紹介します。

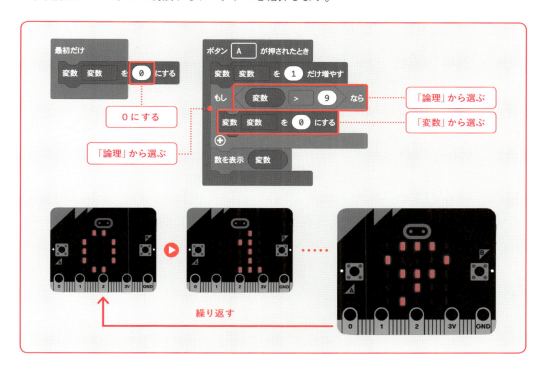

　変数を使うときは、最小と最大を意識すると、自分のプログラムが理解しやすくなります。
　上の例では、まず「最初だけ」で変数を0にしています。「ボタンAが押されたとき」に変数を1ずつ増やし、そのあとに、「論理」のなかにある「もし〜なら」ブロックを使って、変数が9より大きくなったときに、変数を0にするようにしました。プログラムがスタートすると変数は自動的に0になるので「最初だけ」のまとまりはなくても問題ありませんが、明示してプログラミングすること自分も理解しやすくなります。

□ **ボタンが押されたらオン、もう一度押されたらオフにする**

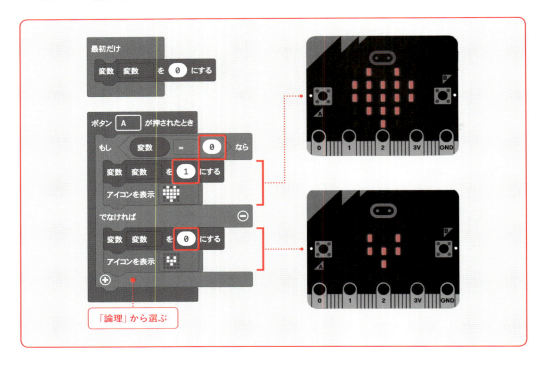

　「ボタンが押されたらオン、もう一度押したらオフ」という動作をさせるには、ボタンが押されたことを覚えておく変数を作ります。ボタンAが押されたら、変数が1のときは0に、0のときは1に切り替わります。このようなボタンの動作を**トグル**と呼びます。スマートフォンのタッチ画面でも**トグル操作**のものがよく出てきますが、上のように変数を使ったプログラムで動いています。

応用 ボタンの反応をよくする

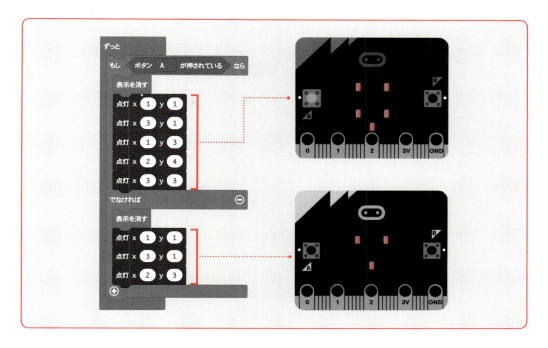

　ここまで作ってきたボタンを使う2つのプログラムでは、ボタンは反応することはするのですが、連打すると追いついてこないことがあるなど、いまいちな反応でした。よく動作を観察すると「ボタンAを押されたとき」のプログラムは、厳密には「ボタンAが押されて離されたとき」に反応します。また、数やアイコンをLEDに表示すると、micro:bitでは人間が見やすいように一定時間停止するようになっています。その一定時間停止しているときにボタンを連打しても、反応が追いついてこなかったというわけです。改善のポイントは2つあります。

・本当に「ボタンを押されたとき」に反応させる。
・LEDの表示をできるだけ短くする。

　この改善のために考えられるのは、「論理」のなかの「もし〜なら〜でなければ」ブロックを使い、「ずっと」のなかで常にボタンの状態をチェックすることです。そして、一定時間停止の機能がない「点灯」ブロックを使ってLEDを光らせます。プログラムは長くなりますが、これでボタンの反応がよくなり、素早い操作が可能になります。
　ここではブロックのみでプログラミングしているので、1粒ずつLEDを指定していますが、CHAPTER 6 ではJavaScriptと組み合わせる方法を紹介します。JavaScriptはプログラミング言語の1つで、ブロックを組み合わせることでLEDを1粒ずつ指定しなくてもよくなり、プログラムをスッキリさせることができます。

③ 音

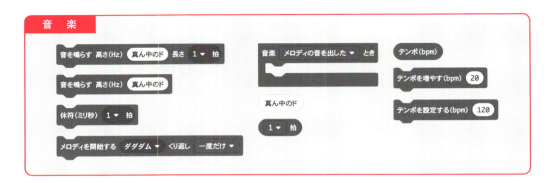

音を出すことは、micro:bitだけではできません。イヤフォンかヘッドフォン、またはスピーカーが必要です。配線するためのミノムシクリップもあると便利です。詳しくは、「 CHAPTER 2 - ❷ 用途に応じた準備」を参照してください。

単純に「音」といっても、とても奥が深いものです。まず「音楽」のなかにあるブロックを使って音を出してみます。このブロックを使いながら、音についての知識をいくつか紹介します。その知識があれば、プログラムと音の関係がもっと深まることでしょう。

□ 音を出す

ボタンAを押すと音が鳴るプログラム

「音楽」のなかにある「音を鳴らす」ブロックを使います。「入力」のなかにある「ボタンAが押されたとき」を使って、ボタンAが押されると音を鳴らすプログラムを作ります。

音を出すときには、「音の高さ」「音の長さ」がポイントとなります。

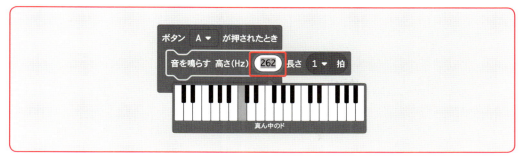

「真ん中のド」をクリックすると「262」という数字と鍵盤が出てくる

　「真ん中のド」のところをクリックすると、鍵盤が出てきます。この鍵盤からも音の高さを決めることができます。また、先ほどまで「真ん中のド」だったところが「262」という数字に変わりました。これは音の高さを**周波数**（→p.62）で表したものです。「真ん中のド」も「262」も、どちらも同じ音の高さです。プログラムは数値の計算が得意ですので「音の高さは数で表現できる」と覚えておくと、足したり引いたり掛けたり割ったりすることで、音の高さを変えることができます。

□ 周波数で音の高さを指定する

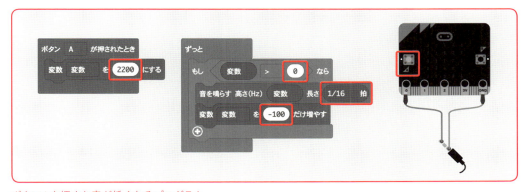

ボタンAを押すと音が低くなるプログラム

　「変数」を使って、周波数として音の高さを指定するプログラムです。
　「ボタンAが押されたとき」「変数」が「2200」になります。「ずっと」のなかでは、変数が0より大きいとき、「音を鳴らす　高さ：変数　長さ：1/16拍」「変数を－100だけ増やす」としています。
　ボタンAを押すと変数が2200になり、2200ヘルツの音が鳴り始めます。変数を－100していくことで、徐々に音が低くなっていきます。変数が0以下になると音が鳴り止みます。このように、数で音を表現することで、先ほどの鍵盤からは選べない高さの音を鳴らすことができます。
　次に、逆に音を高くしていく例も紹介しておきましょう。

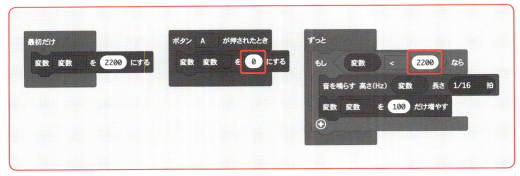

ボタンAが押されると音が高くなるプログラム

　昔のテレビゲームのなにかが飛んでいくときのような、あるいはなにかが落ちていくときのような音に聞こえます。昔のコンピュータは計算能力が低かったので、このような単純なプログラムで音を表現していたわけです。今回は周波数を足したり引いたりして表現しましたが、掛けたり割ったりしてより複雑に操ると、いろんな効果音ができるかもしれません。

COLUMN

人間の耳に聞こえる周波数

　「音」の高さは、周波数で表します。単位は**ヘルツ**（**Hz**）です。

　「周波数」とは1秒間に起こる波の数です。micro:bitは電気信号を1秒間に高速にON/OFFすることで、スピーカーを通じて空気を揺らし、私たちの耳の鼓膜を震わせます。1秒間に起こる波が多ければ音は高く聞こえ、少なければ音は低く聞こえます。

　ここで人間の耳が聞こえる周波数の範囲について知っておくと、プログラムで変化させる周波数がより効果的に、耳に聞こえるようになります。

　一般的に、人間の耳に聞こえる音（**可聴域**）は、20〜20000ヘルツといわれています。20000を越えると超音波になります。プログラムで音の高さを変える際は、この範囲に入るように調整しないと、正しいプログラミングをしたとしても聞こえなかったり、黒板をキ〜！と引っかいたような不快な音になってしまうおそれがあります。

❹ 光センサ

　micro:bitには光センサ機能があり、micro:bitの周囲の明るさを知ることができます。光センサはLEDの部分にあります。LEDには電気を流すと光る性質がありますが、実は光を当てるとほんの少し発電する性質もあります。この性質を利用して、LEDを光センサとしても使っています。
　LEDの部分を手で覆い隠したり、光に向けてみたりすることで、センサの変化を知ることができます。明るさは、0～255の数値で表現されます。
　この光センサを使って、明るさでLEDが口をパクパクするプログラムを作ってみました。

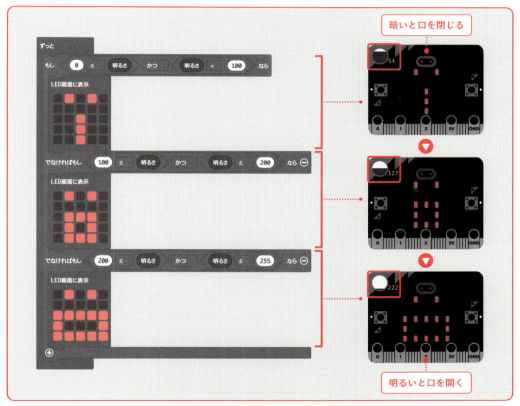

明るさに応じて口を開いたり閉じたりするプログラム

　光センサが有効になるプログラムでは、シミュレーターに光センサ機能が追加されます。マウスでメーターを上下にドラッグすることで、明るさのシミュレーションができます。

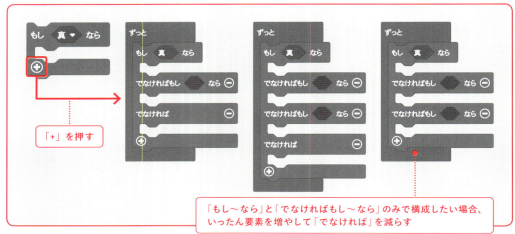

「+」と「−」で要素を増減できる

　「論理」のなかにある「もし〜なら〜」ブロックのように、「+」「−」マークのあるブロックがあります。「+」マークをクリックすると同様のブロックが追加できて、「−」マークをクリックするとブロックを削除できます。
　「もし〜なら〜」を「+」で追加すると「もし〜なら」「でなければもし〜なら」「〜でなければ」となります。プログラムによっては、「もし〜なら」「でなければもし〜なら」「でなければもし〜なら」と作りたい場合があります。そのときは、「〜でなければ」を「−」で削除します。

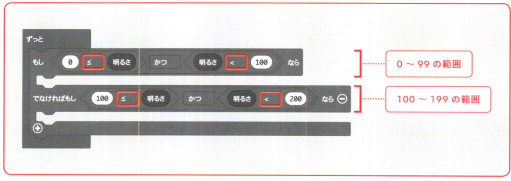

100はどちらに含まれる？

　また、条件のところで、注意して見て欲しいところがあります。
　「≦」「<」この2種類の記号の使い分けによって、明るさの範囲を分けています。
　上図のブロックは、上が「0以上かつ100より小さい」、下が「100以上かつ200より小さい」を意味します。つまり「0〜99」と「100〜199」の範囲を表すプログラムとなり、ちょうど100のときは前者には含まれず、後者のみに含まれます。
　このように範囲を条件とするときは、境界となる数が、複数の条件に重なって含まれないよう

に注意しましょう。エラーは起こりませんが、プログラムは上から順に処理していくので、先に条件と合致したプログラムだけが実行されることになります。

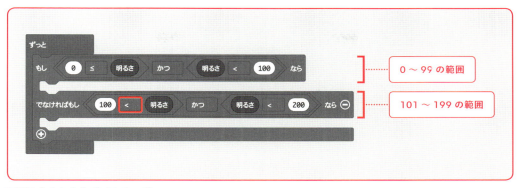

100は含まれる？ 含まれない？

また、ほんの少しの記号のせいで、どちらにも含まれない条件となることもあります。

先ほどは「100≦明るさ」としたので「明るさが100以上」という意味となり、100を含みました。記号を少し変えて「100＜明るさ」とすると、「明るさが100より大きい」という意味になり、100は含まないことになります。記号を少し変えただけで、「0〜99」「101〜199」となり、ちょうど100のときには、どちらにも該当せず、意図しない結果となることがあります。

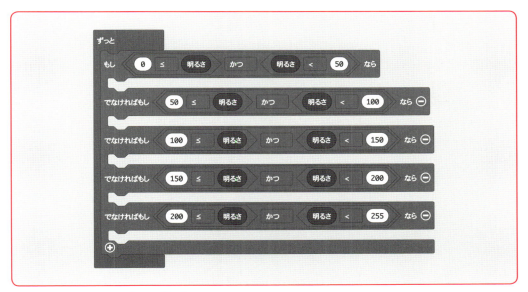

明るさの変化に段階的に応じるプログラム

プログラムは長くなりますが、上の図のように「明るさ」をより細かい範囲で条件分岐していくと、明るさに応じる変化を増やすことができます。

❺ 加速度センサ

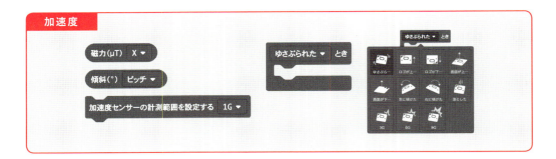

　micro:bitには加速度センサが付いており、「X, Y, Z」の3方向にどのくらいの力がかかっているか（**重力加速度**）を知ることができます。「X, Y, Z」の方向は、micro:bitの向きと対応しています。また、とくに設定しなければ計測範囲は1Gとなり、−1024〜1023の数値となります。計測範囲を設定するブロックを使うと、計測範囲を1G、2G、4G、8Gに設定することができ、8Gの場合は−8128〜8192の数値となります。

　加速度センサを使うことで、「ゆさぶられた」「ロゴが上になった」「左に傾けた」「落とした」などの動きを検出したり、「傾斜（°）」を取得したりできます。変化する数値の範囲が大きく、軽く振るだけでも反応するので手軽に扱えます。はじめての人にも使いやすいセンサでしょう。

□ 加速度センサ「X, Y, Z」をよく反応させるには

　加速度センサは「力」に対して反応します。力を強く感じるときを考えてみると、たとえば勢いよく走って急に止まろうとしたとき、鉄棒にぶら下がっているとき、などがあります。前者は慣性の法則、後者は地球の重力が強く関係します。動いているときにも、動いていないときにも力を感じるので、加速度センサも同じように反応します。

　加速度センサは、「X, Y, Z」の3方向それぞれに反応します。3つの方向ごとに、それぞれよく反応する力のかけかたがあります。

　慣性の法則を意識して加速度センサを反応させるには、「X, Y, Z」の軸方向に直線的に往復させます。

　重力を意識して加速度センサを反応させるには、「X, Y, Z」軸を回転軸として、地面に向けて傾けます。回転させるため、センサは3方向すべてに複合的に反応します。

□ 加速度をLEDの棒グラフで表現する

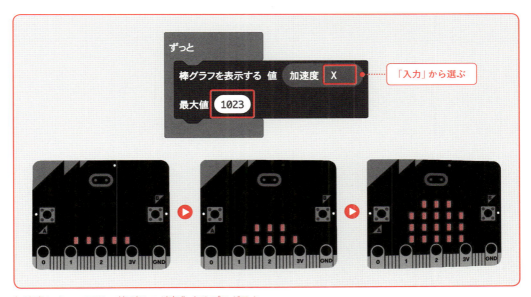

加速度によってLEDの棒グラフが変化するプログラム

　加速度センサから得られる値を使って、LEDが変化するプログラムを作りました。「LED」のなかにある「棒グラフを表示する」ブロックに、棒グラフにしたい値と、その最大値を設定します。

□ 加速度が２Ｇを超えたら音を鳴らす

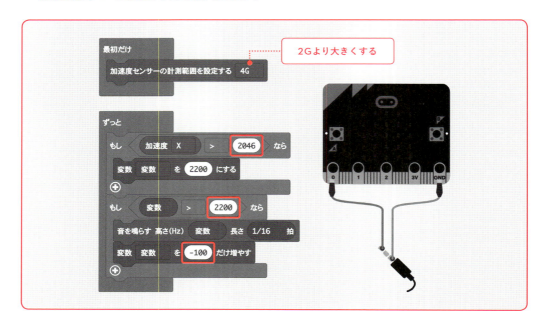

　「❸音」の「周波数で音の高さを指定する」のプログラムを応用して、加速度Xが2046を超えると音を鳴らすプログラムを作りました。「周波数で音の高さを指定する」ではボタンを押して音を鳴らす仕組みでしたが、ここでは加速度Xの値をボタンの代わりに使っています。

　「最初だけ」で、加速度センサの計測範囲を２Ｇより大きくしておきます。

　「ずっと」では、１つめの「もし～なら～」を使って、加速度Xが２Ｇを超えたかどうかを調べます。「加速度X＞2046」の「2046」は、micro:bitの加速度センサは１Ｇあたり1023なので、２Ｇで1023×2＝2046となる計算から決めました。２Ｇを超えたら「変数」を「2200」にします。

　２つめの「もし～なら～」では、変数が０より大きいときに、変数を周波数として音を鳴らし、変数を－100しています。このプログラムは「周波数で音の高さを指定する」と同じです。

❻ 磁力センサ

micro:bitには磁力センサが付いており、方角や周囲の磁力を知ることができます。加速度センサと同じく、「X, Y, Z」の3方向の磁力を調べることで、北を0として0～359の数値として方角を得られます。磁力は「マイクロテスラ（μT）」の単位で取得できます。

□ 方位磁石を作る

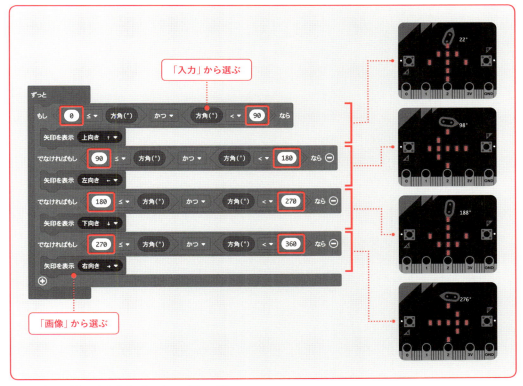

LEDの矢印が常に北を指すプログラム（その1）

「❹ 光センサ」で紹介したように、「≦」「＜」「かつ」を組み合わせて、方角の範囲を分け、方位磁石を作ってみました。常に北を示すように、矢印が4方向に変わります。

「方角（°）」ブロックの値は、0〜359を示します。方角を示す数値を「0〜89」「90〜179」「180〜269」「270〜359」の4つの範囲に分けて、「もし〜なら〜」の条件を使ってLEDの矢印の向きを変えています。

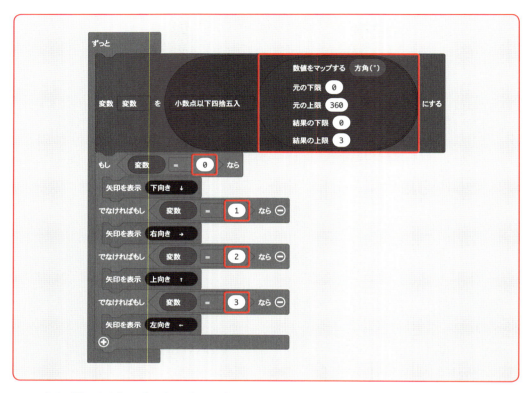

LEDの矢印が常に北を指すプログラム（その2）

　同じ動作をするプログラムを、「入出力端子」のなかにある「数値をマップする」ブロックを使って組んでみました。「ずっと」のなかで、「数値をマップする」ブロックを使って、方角を表す0〜360の数値を0〜3の数値に置き換え、それを「変数」に入れています。そのあと、「もし〜なら〜」を使って、「変数が0のとき」「変数が1のとき」「変数が2のとき」「変数が3のとき」に、LEDに向きの違う矢印を表示しています。

● **磁力センサの調整について**

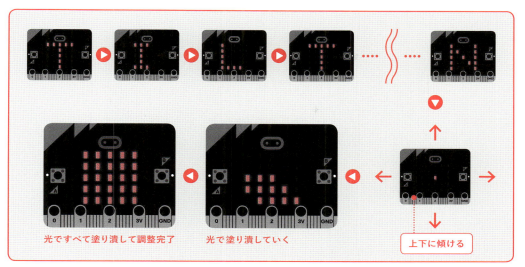

調整プログラムによる磁力センサの自動調整

　この磁力センサを使うと、**コンパスを調整する**機能が、最初に自動的に働くときがあります。スマートフォンなどでも方角を正しく調べる際に本体を8の字に回転させることがありますが、この調整機能とmicro:bitのコンパスを調整する機能は同じです。micro:bitは周囲の磁力を計測して、磁力センサが正しい方角や磁力が得られるように調整してくれます。
この調整プログラムが働くと、最初に「TILT TO FILL SCREEN」という文字がLEDにスクロールして表示され、micro:bitのLEDが光ります。そのなかの1粒のLEDは、micro:bitを上下左右に傾けることで移動して光の軌跡となり、すべてのLEDが光で塗り潰されたときにコンパスの調整が完了し、はじめて自分のプログラムが動き始めます。
　筆者は最初の「TILT TO FILL SCREEN」を見逃してしまい、気がついたらプログラミングした覚えのないこの調整のプログラムが始まっていて、壊したかな？　と少し驚いたことがあります。そのような場合は、micro:bitの裏面にあるリセットボタンを押して再起動すると、最初の「TILT TO FILL SCREEN」を再び確認することができます。

□ 磁石を近づけるとLEDで表示するアイコンが変わる

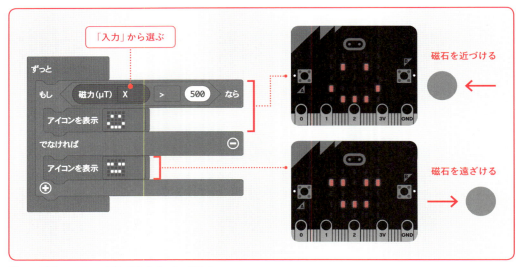

磁石の近さでLEDの表情が変わるプログラム

　磁石を近づけるとLEDのアイコンが変わるプログラムを作りました。磁石が近づけば反応するので、たとえば、戸棚のトビラに磁石を付けて開け閉めを調べるなど、工夫次第でいろんなことができます。

　磁力の値は、使う磁石によって数値が異なります。今回はざっくりと「500より大きくなったら」としました。もっと厳密に数値を知りたい場合は、「❽マイクロUSBコネクタ」のシリアル通信を使うと便利です。

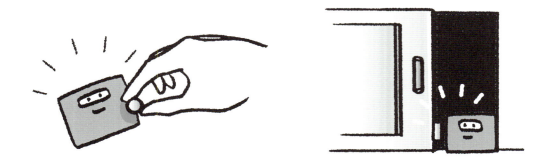

❼ 温度センサ

温度をLEDの棒グラフで表示するプログラム

　温度をLEDの棒グラフにして温度計を作りました。温度は−5〜50℃の範囲で測ることができます。温度センサはプロセッサの熱を監視するためのものなので、実際は室内の温度よりも2〜3℃高く表示されると考えてください。室温や気温を測りたい場合は、正確ではありませんが、温度センサの数値から−2〜−3℃するとよいでしょう。

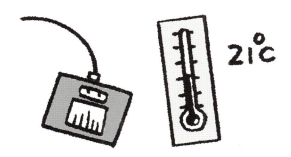

❽ マイクロUSBコネクタ

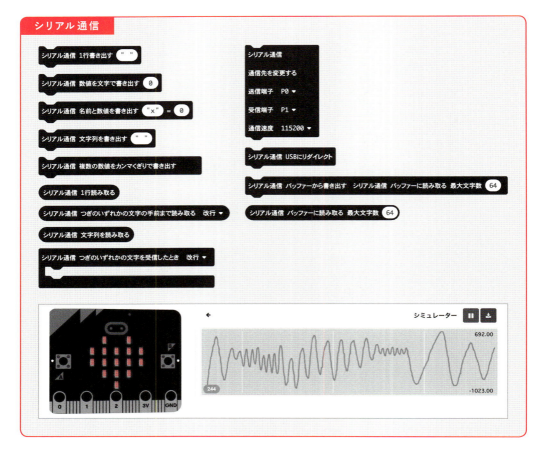

　マイクロUSBコネクタを使うと、PCと情報をやりとりできる「シリアル通信」を行うことができます。「シリアル通信」は、micro:bit 単体で使うというよりも、これまで紹介してきたボタンやセンサの情報をPCのソフトやほかのデバイスと連携させることで、その実力を発揮します。micro:bitの情報をテキストやグラフへ変換することはもちろん、グラフィックやサウンドを得意とするソフトと連携させれば、センサに反応して絵や音が変化する表現なども可能にします。

　「シリアル通信」は情報を通信する方法なので、このプログラムを覚えるだけでは、あまり表現できることはありません。ポイントは「情報をなにに使うか」です。それだけに、シリアル通信のプログラムは地味に見えるかもしれませんが、その応用範囲はとても広いので、micro:bitをはじめとする電子デバイスの肝となる機能ともいえます。

　また、micro:bitの最新のファームウェアでは、ブラウザから直接「シリアル通信」が使えるようになっています。 CHAPTER 10 に、ブラウザと直接接続する手順をまとめましたので、あわせてご参照ください。

□ 加速度センサを書き出す

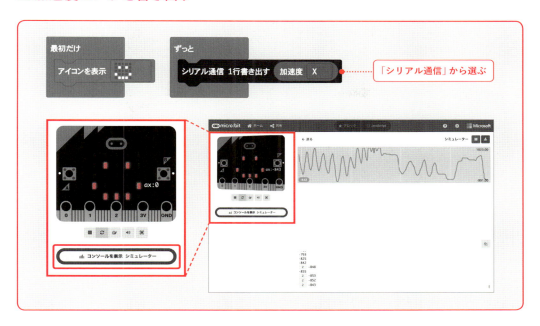

　加速度センサXの数値を、シリアル通信で書き出します。「シリアル通信　1行書き出す」ブロックを使うと「データを表示　シミュレーター」というボタンが現れます。このボタンを押し、画面にあるmicro:bitの絵にマウスを移動させると、どのようなデータがやりとりされるのか、シミュレーションができます。

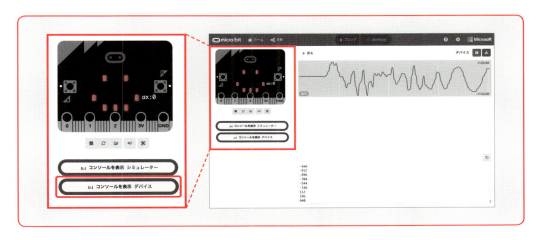

　ブラウザとmicro:bitを直接つなげられる状態にある場合（→ CHAPTER 10 ）は、シミュレーターのボタンの下に「デバイス」ボタンが表示されます。見た目はそっくりな画面ですが、実際にmicro:bitを手にとって動かすと変化するのがわかるはずです。

□ **ボタンが押されていることを書き出す**

　シリアル通信は、そのままでは書き出せないものもあります。たとえば「ボタンAが押されている」ことを書き出そうとすると、ブロックに組み込むことはできますが、エラーになってしまいます。これは「ボタンAが押されている」という情報が数値ではないことが原因です。

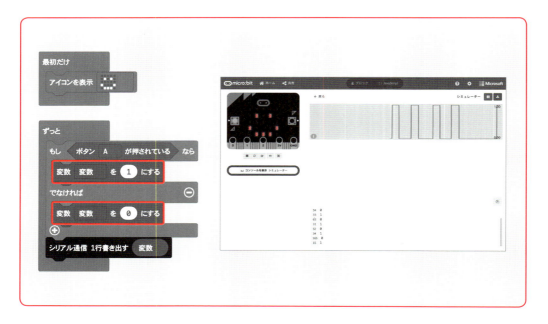

　そこで、「もし〜なら〜」のなかで、「変数」を使って「ボタンAが押されていると変数が1」「ボタンAが押されていないと変数が0」となるよう数値化し、その変数を「シリアル通信　1行書き出す」で書き出します。

☐ 複数の情報を書き出す

micro:bitにはいろいろなセンサが付いていますので、それらを同時にシリアル通信で書き出すプログラムを紹介します。

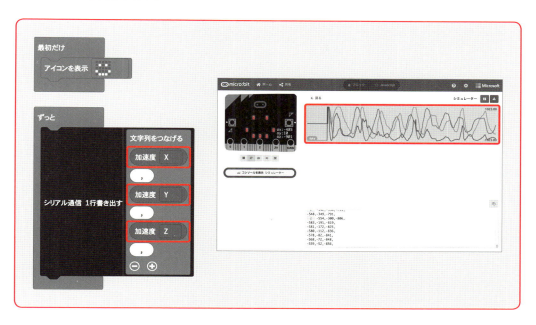

「シリアル通信 1行書き出す」のなかに、「文字列」から「文字列をつなげる」を選び組み込みます。「＋」ボタンを押して文字列の入力スペースを追加し、書き出したい情報のブロックを「,（半角のコンマ）」で区切って入れてください。

ここでは「加速度X」「,」「加速度Y」「,」「加速度Z」「,」と3つの情報をシリアル通信で書き出しています。半角のコンマで区切られた数値は、シミュレーターで確認すると3つのデータとして認識されていて、グラフも3色に分かれて描かれます。

❾ 無線

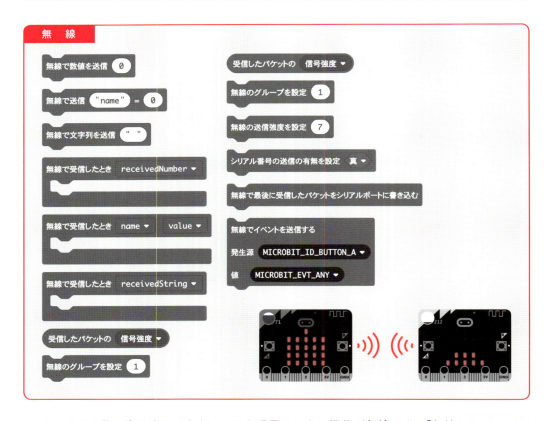

　micro:bitの最も注目するべきといっても過言ではない機能が**無線**です。「無線」はmicro:bit同士の通信となりますので、micro:bitが２個以上必要ですが、とてもかんたんに設定できます。
　一般的に、教室などで複数の人が同時に無線を使うと、混線してしまうことが考えられます。一言で無線といっても、BluetoothやWi-Fiなどいろいろな通信規格があります。いずれも混線しないように細かい設定が必要だったり、Wi-Fiの場合はネットワーク管理者にお願いする必要があったりと、はじめてプログラミングをする人はもちろん、子どもたちも巻き込んで気軽に使うには、ハードルの高い手続きが必要です。しかも、ワイヤレスで便利な反面、通信している機器同士がつながっている状態を目で見ることができないため、混線などのトラブルが起きると原因の特定が難しく、教室も混乱すると思われます。
　しかし、micro:bitの「無線」は送信側と受信側の「グループ」の番号を合わせるだけで使えます。チャンネルは０～255までありますので、この番号が重複しないように設定すれば、同時に256チャンネルまでの無線通信を使用することができます。また、チャンネルはプログラムが動き出したあとでも切り替えることができるのも、意外とすごい機能です。

□ 光センサの値を無線で送受信する

　2台のmicro:bitを使って、1台目を「無線の送信機」、2台目を「無線の受信機」とします。これからプログラミングしていくなかで、自分が送信と受信のどちらの役割のプログラムを作っているのか、画面がそっくりなので混乱しないように注意してください。

　ここでは「無線」機能を使って、1台目のmicro:bitで取得した光センサの値を、2台目のmicro:bitに送るプログラムを作ります。

● ①〈1台目のmicro:bit〉光センサの値を無線で送る

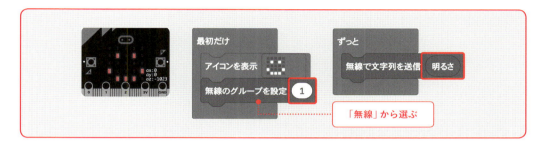

　1台目のmicro:bitは、上の図のようにブロックを組みます。2台目と見分けるため「最初だけ」ブロックに、「基本」のなかから「アイコンを表示」で好きな絵を表示しておきます。次に「無線」のなかにある「無線のグループを設定」ブロックを組み込み、0〜255の数から任意のものを指定します。ここでは「1」としました。続けて「ずっと」のなかに、「無線」のなかから「無線で文字列を送信」ブロックを配置し、「入力」から「明るさ」ブロックを選び組み込みます。

● ②〈2台目のmicro:bit〉無線で受けてLEDに表示する

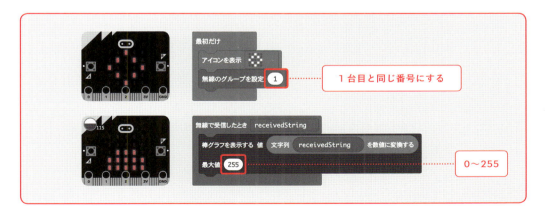

　2台目のmicro:bitにも、1台目と見分けるため「最初だけ」ブロックに、「基本」のなかから「アイコンを表示」で1台目と異なる絵を表示しておきます。次に「無線」のなかにある「無線のグルー

プを設定」ブロックを組み込み、1台目と同じ「1」を指定します。続けて「無線」のなかから「無線で受信した時 receiveString」ブロックを配置し、「LED」から「棒グラフを表示する」ブロックを選び組み込みます。受信したreceiveStringは文字列なので、そのままでは棒グラフに表示する値にできません。そこで「文字列」のなかにある「文字列〜を数値に変換する」ブロックをつかって数値化し、棒グラフの値としています。「明るさ」は0〜255ですので、棒グラフの最大値を255とします。

このプログラムで「無線」で受信するときのポイントは3つあります。

1. **「無線のグループ」を送信側と同じ値にする。複数の人で無線を使う場合は、個人個人でこの値を変え、重複しないようにする。**

    複数の人が別々の無線を使っているときに、もしあなたがAさんと同じグループ番号に無線を送信してしまうと、Aさんはあなたのデータを受信してしまい、意図しない結果となります。ただ、面白かったこともあります。筆者が授業を行った際、説明を誤って20人ほどの学生が1つの「無線のグループ」に送信し、1台のmicro:bitで受信したことがありました。ほかにもさまざまな無線を扱ってきた筆者の経験では、このような場合、デバイスがフリーズして動かなくなり、なんらかのエラーが起きることが予想されました。しかし、micro:bitの「無線」では、20人分のデータが同時に送られてくる様子が受信側でも確認され、どの人が送ったかは見分けがつきませんでしたが、送信側も受信側もとくにエラーは起きず、動き続けました。

2. **「無線で受信したとき」には3種類あるので間違わないようにする。**

    とくに「無線で受信したとき receiveNumber」と「無線で受信したとき receiveString」は、よく気をつけないと間違えやすいと思います。ここでのプログラム例では「receiveString」を使っています。

    また、「無線で受信したとき receiveString」を配置すると、自動的に「変数」に「receiveString」変数が生成されることも頭に入れておきましょう。

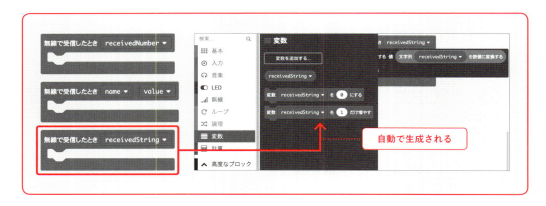

3.「無線」で受信した「receiveString」は文字列なので「文字列"123"を数値に変換する」ブロックで数値化する。

　「文字列」のなかでも見つけにくい印象でしたので、念の為、3つめのポイントとしておきました。

● 2台とも同じプログラムにするには？

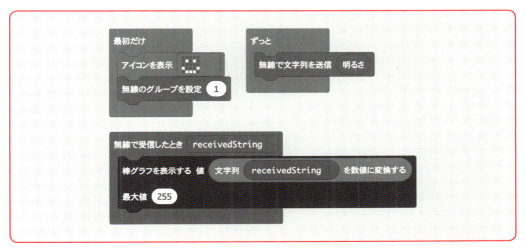

1つのプログラムで送受信の両方を設定する

　micro:bitの場合、自分で送信した無線を自分で受信することはありません。これをうまく利用すると、送信と受信でプログラムを分けずに、1つのプログラムにすることができます。

● シリアル通信・無線のポイント

　いきなり送受信するプログラミングを作ろうとすると、うまく動かなかったときの原因の特定に時間がかかってしまいます。まずは、「送信だけ行うプログラム」「受信だけ行うプログラム」を作ることから始めて、送信と受信がうまく動作することを確認できたら、送受信するプログラミングに進むとよいでしょう。

このチャプターのまとめ

> ポイント
> □ ブロックは、プログラムとして間違っているところには組めない
> □ ブロックを組むことで、方位磁石を作ったり、micro:bit同士で通信したりできる
> □ ブロックとJavaScriptを組み合わせると、より細かい動作を指定できる

CHAPTER

5

シミュレーターの使いかた

CHAPTER

5 | シミュレーターの使いかた

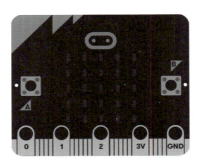

　micro:bitシミュレーターについて解説します。

　このシミュレーターは本当によくできていて、かんたんにプログラムの動作確認ができます。LEDやボタンのON／OFF、光センサや加速度センサの値などをマウス操作だけで擬似的に変化させて、プログラムのシミュレーションができるのです。このシミュレーターは、micro:bitが手元になくてもブラウザ上で使えるため、動作確認をしながらどんどん実験的にプログラミングすることができます。

　もちろん本物のmicro:bitをつないでプログラムを書き込めば、実機で動作確認を行うこともできますが、素早く動作を確認してやり直したい場合は、シミュレーターを使うととても便利です。

　MakeCodeエディタの左側にあるmicro:bitのグラフィックがシミュレーターとなっていて、次ページの図のようなアイコンがあります。

※micro:bitのファームウェアをバージョンアップすると、ブラウザから直接micro:bitとUSB通信が可能となり、「シリアル通信」を使ってブラウザだけで実機の動作確認ができます（→ CHAPTER 10 ）。

シミュレーターを
操作するアイコン

1 プログラムの開始／停止
2 リセット（プログラムを最初から実行し直す）
3 プログラムの流れを視認できる「ゆっくりモード」に切り替える
4 音のON／OFF
5 シミュレーターをフルスクリーンに拡大する／元に戻す

　このアイコンでシミュレーターの基本操作ができます。なお、特定のブロックを動作させると、新たにシミュレーターに機能が追加されることがあります。

❶ 光センサのシミュレーション

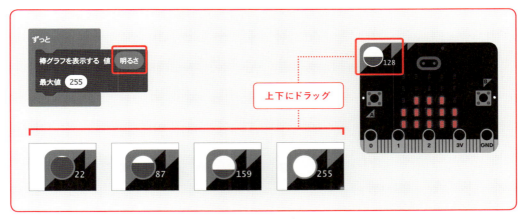

光センサで取得した「明るさ」をLEDの棒グラフで表示するプログラム

　「明るさ」ブロックを使うと、シミュレーターの左上に、黄色とグレーのマークが出現します。この円のなかでマウスを上下にドラッグすることで、明るさをシミュレーションできます。

❷ 加速度センサのシミュレーション

加速度センサで取得した「加速度」をLEDの棒グラフで表示するプログラム

「加速度」ブロックを使うと、シミュレーターは変化していないように見えます。しかし、マウスをmicro:bitの上にもっていくと、上下左右に傾くようになります。この傾きで、「X, Y, Z」の加速度センサのシミュレーションができます。

❸ デジタルコンパスのシミュレーション

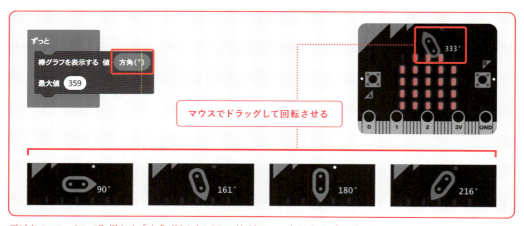

デジタルコンパスで取得した「方角（°）」をLEDの棒グラフで表示するプログラム

デジタルコンパスは「方角（°）」ブロックでシミュレーションできます。micro:bitのマークが少し変化し、最初は「90°」と表示されています。このマークをマウスでドラッグして回転させることで、0〜359°の方角のシミュレーションができます。

④ 温度センサのシミュレーション

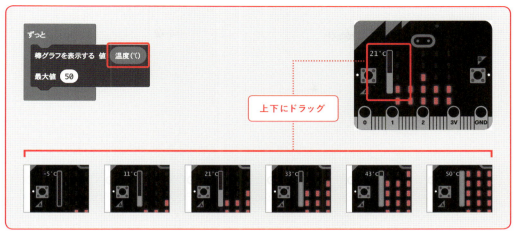

温度センサで取得した「温度（℃）」をLEDの棒グラフで表示するプログラム

　温度センサは「温度（℃）」ブロックを使用したときにシミュレーションできます。micro:bitの上に温度計が現れて、それをマウスで上下にドラッグすることで、－5～50℃の温度をシミュレーションできます。

⑤ タッチセンサのシミュレーション

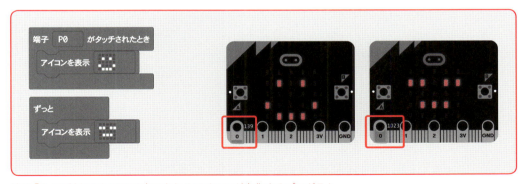

端子「0」に触れるとLEDで表示されるアイコンが変化するプログラム

　タッチセンサは端子「0」「1」「2」のうち、タッチを有効にしている端子をシミュレーションできます。上図ではタッチセンサに「P0」を使っているので、「0」の端子の隣に数値が現れました。この端子がマウスで上下にドラッグできて、横の数値が0～1023に変化します。

　シミュレーターでは、タッチセンサはON/OFFではなく0～1023の数値をセンシングしていますが、実際は数値ではなくtrue（タッチしている）かfalse（タッチしていない）が返されます。

❻ シリアル通信のシミュレーション

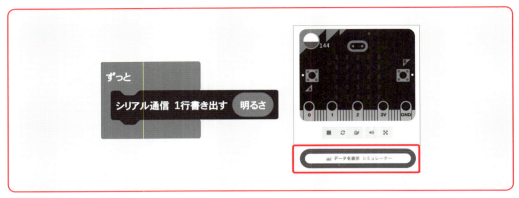

光センサで取得した「明るさ」の数値を書き出すプログラム

　シリアル通信のシミュレーションは、「シリアル通信」ブロックを使うことでシミュレーションできます。シリアル通信のシミュレーションの場合、ほかの例と違って、シリアル通信を使用するプログラムを作ると「データを表示　シミュレーター」というボタンが現れます。このボタンを押すと、データ表示専用の画面に切り替わります。

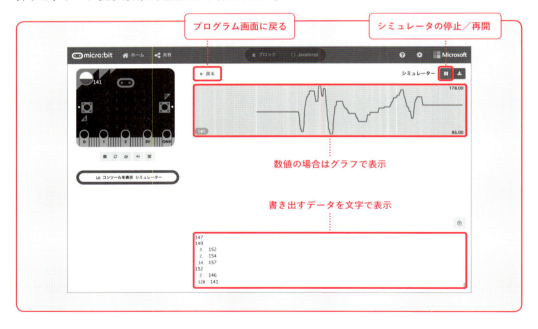

　「シリアル通信」ブロックを使ってシミュレートしたデータは、ファイルとして保存することができます。シンプルなテキストファイルか、もしくは表計算ソフトで扱いやすいCSVファイルのいずれかのファイル形式を選択できます。

● テキストファイルとして保存する場合

　書き出された数値の右上にあるアイコンをクリックすると、シリアル通信で書き出したままのデータが、テキストデータとして保存されます。

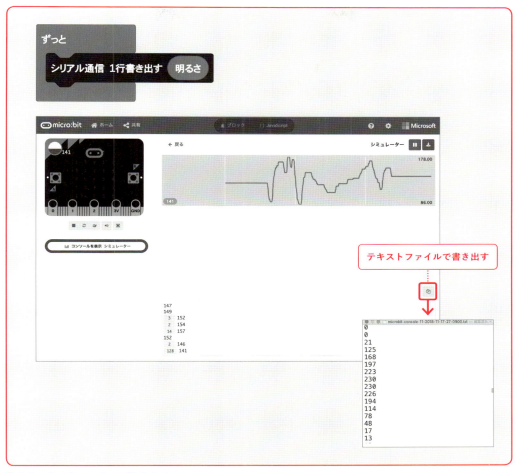

数値をテキストファイルで保存する

● CSVファイルとして保存する場合

　micro:bitのCSVファイルは、データが「タブ」で区切られたテキストデータです。たとえば、シミュレーターのみでも、いろいろなセンサをマウスで擬似操作し、その数値を「シリアル通信」のシミュレーションで書き出せば、表計算ソフトで読み込んでグラフにすることも可能です。

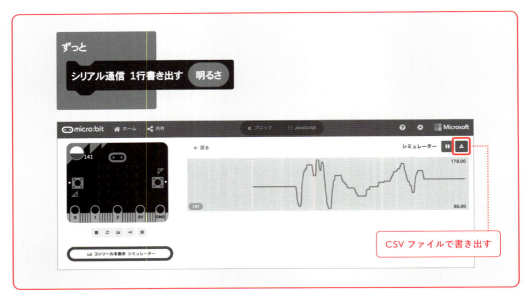

数値をCSVファイルで保存する

　右図が「シリアル通信」のシミュレーションで書き出したCSVファイルをテキストエディタで開いたものです。シミュレーションがスタートしてからの時間とタブ区切りで、ブロックで指定されたデータ（今回は明るさ）が保存されています。

　CSVファイルは、ほとんどの表計算ソフトで読み込めるので、Excelなどを使って書き出されたデータをかんたんにグラフ化できます。

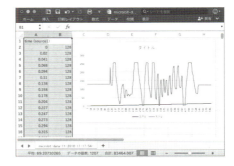

このチャプターのまとめ

ポイント
- □ シミュレーターでは、リアルタイムでプログラムの動作確認ができる
- □ 特定のブロックを動作させると、新たにシミュレーターに機能が追加される

CHAPTER

ブロックとJavaScriptを組み合わせたプログラミング

CHAPTER 6

ブロックとJavaScriptを組み合わせたプログラミング

　ここまで見てきたMakeCodeエディタのブロックモードには、以下のような長所と短所があります。

長所
・コードを書かずに気軽にプログラミングできる
・エラーが起こりにくく、すぐにシミュレーターで確認できる

短所
・ブロックが用意されてない要素のプログラミングができない
・プログラミング経験があると意外な落とし穴にはまってしまう

　ここでは、これらの長所を生かし短所を補うために、ブロックとJavaScriptを併用する方法を解説します。MakeCodeエディタの大きな特徴として、**ブロックモード**と**JavaScriptモード**をリアルタイムに切り替えることが可能な点が挙げられます。そこで、まずブロックで構造をわかりやすく組み立て、次にJavaScriptに切り替えて細かいパラメータを設定してみましょう。最後に、ブロックとJavaScriptを行き来しながら使い分けて、プログラムを整えていきます。

LET'S TRY

**LEDの「点灯時間」を変えて
さまざまなリズムのハートのドキドキを作ってみましょう**

どのように？
LEDのハートとスモールハートを交互に点滅させて「ドキドキ」のリズムを微調整する

手順
| 1 | LEDのハートとスモールハートを交互に表示する〈ブロックモード〉
| 2 | 交互に表示する速度を変える〈ブロックモード〉
| 3 | 交互に表示する速度を変える〈JavaScriptモード〉
| 4 | ブロックとJavaScriptを使い分けて整える〈ブロックとJavaScriptの併用〉

手順1 | LEDのハートとスモールハートを交互に表示する〈ブロックモード〉

まず、ブロックモードで下図のようにプログラミングします。「ずっと」のループに、ハートの「アイコンを表示」と「一時停止(ミリ秒)」+「100」、スモールハートの「アイコンを表示」と「一時停止(ミリ秒)」+「100」を配置します。ブロックを配置できたら「ダウンロード」でhexファイルを取得してmicro:bitに書き込み、動作を確認してください。うまく書き込めれば、均等な時間でドキドキとアイコンのハートが脈打ちます。

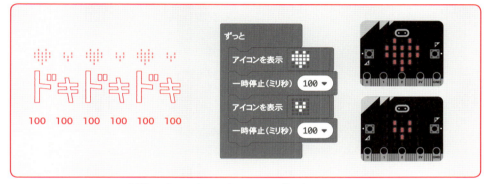

ハートとスモールハートが均等な時間で交互に表示されるプログラム

手順2 | 交互に表示する速度を変える〈ブロックモード〉

次に、ハートとスモールハートを交互に表示する速度を変えて「ドキッ…ドキッ…」を作ってみましょう。最初の「一時停止(ミリ秒)」を「50」、次の「一時停止(ミリ秒)」を「200」に変更します。一時停止の時間が50から200に増えるので、ドキドキのタイミングが変わるはずです。しかし、実際にmicro:bitに書き込んでみると、ドキドキのタイミングにはそれほど変化がないように見えます。なぜでしょうか？

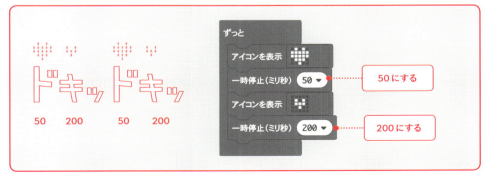

ハートとスモールハートの表示時間を不均等にしたいが……？

手順3 | 交互に表示する速度を変える〈JavaScriptモード〉

　ここで、JavaScriptモードに切り替えてみましょう。ブロックモードからJavaScriptモードに切り替えるには、メニューバーにある「{}JavaScript」タブをクリックします。ブロックモードに戻るときは隣の「ブロック」タブをクリックします。ブロックモードとJavaScriptモードはプログラミングの途中でも切り替えることができます。

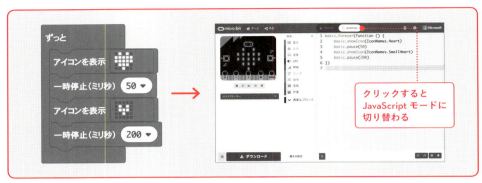

ブロックモードからJavaScriptモードへの切り替え

　2行目のbasic.showIcon(IconNames.Heart)に、下図のように「,50」をキーボードで入力します。JavaScriptではブロックでは見えなかったアイコンの表示時間（**パラメータ**）設定できます。

　パラメータを設定しようとすると英語のヘルプが表示されます。ここでは、「パラメータを省略すると自動的に「600」が表示時間に設定される」ことがわかります。

　つまり、先ほどブロックで作ったパラメータが設定されていないプログラムは、「ハートが600ミリ秒表示され、50ミリ秒一時停止し、スモールハートが600ミリ秒表示され、200ミリ秒一時停止する」という意味になります。ですから、残念ながらドキドキのリズムを調整するために入れた「一時停止（ミリ秒）」のブロックは、あまり意味がなかったことになってしまっています。

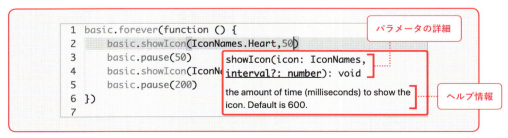

表示時間のパラメータは自動的に600に設定される

| 手順 4 | **ブロックとJavaScriptを使い分けて整える**
〈ブロックとJavaScriptの併用〉

　パラメータを設定してからブロックモードに戻ると、ブロックの中身がJavaScriptになっています。ブロックにはない細かいパラメータを設定すると、このように、JavaScriptが表示された状態のブロックになります。

　プログラミング経験者で、エラーによって先へ進めなかった経験があると、プログラミング言語を見るのが怖いかもしれません。しかしmicro:bitでは、ブロックを使えばエラーで止まることなく動かすことができます。あらかじめ用意されたブロックを組み合わせるだけでは満足できず、もっとこだわりたい衝動がでてきたら、おそれずにブロックとJavaScriptとを積極的に切り替えていけばよいのです。意味を理解しながら徐々にプログラミング言語へ慣れていくことができれば、プログラミングは怖くありません。

JavaScriptが表示された状態のブロック

　最後に、余計なプログラムを削除して、きちんと意図した通りのプログラムにしておきましょう。「ハートを表示し50ミリ秒一時停止、スモールハートを表示し200ミリ秒一時停止する」。このプログラムをきちんと書くと、下の図のように「一時停止（ミリ秒）」ブロックが不要になります。

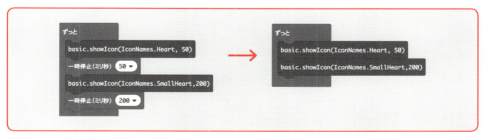

使用しないブロックを削除して整理する

COLUMN

プログラミング経験者には意外な落とし穴?
初心者 から自然な流れで上達していくプログラミング

micro:bitと同じ小さなマイコンボードである**Arduino**のプログラミングでは、今回のハートとスモールハートを交互に表示させるような例で、LED 1粒をピカピカと点滅させる「Blink」というサンプルがあります。このサンプルは、LEDを点滅させるために「一時停止する（delay）」をプログラムに入れる必要があり、省略すると目にも止まらない速さで点滅を繰り返してしまいます。

コンピュータはプログラミングされた通りに動き、逆にプログラミングをしなければ動かない、そういうものです。しかし厳密すぎると、人の素直なイメージとのギャップも感じます。

micro:bitは、ハートやスモールハートを表示し、わざわざ一時停止しなくても、程よく600ミリ秒一時停止してくれます。初心者にとっては親切設計ですが、逆に言えば、本人がプログラミングをした覚えのない設定があるということです。慣れてくると余計なお世話だと感じてくるかもしれません。そのときこそ、ブロックとJavaScriptを使い分けて自然と上達し、初心者を抜けるときです。ブロックとJavaScriptを往復して切り替えているうちに、自分がどんなプログラミングをしたのか視覚的に理解が進むのです。

このチャプターのまとめ

ポイント
- [ ] ブロックとJavaScriptは、いつでも切り替えられる
- [ ] ブロックではパラメータがあらかじめ設定されていることがある
- [ ] ブロックでは隠れているパラメータをJavaScriptで設定できることがある

CHAPTER

7

関数を使ったプログラミング

CHAPTER 7 関数を使ったプログラミング

「高度なブロック」のなかに、**関数**を作るブロックがあります。何度も同じようなブロックを使う場合、まとめて関数にしておけば、その関数の名前のブロックを置くだけで済みます。プログラムをスッキリさせて頭のなかを整理するのに便利です。

本章では、単純な関数・パラメータを渡す関数・パラメータを返す関数の3種類を解説します。

ブロックだけでは、いくつかの処理をまとめた単純な関数しか作れません。ここでは、はじめにブロックで単純な関数とパラメータを渡す関数を作る手順を解説します。パラメータを返す関数はブロックだけでは作れないので、JavaScriptモードで作ります。

❶ 単純な関数

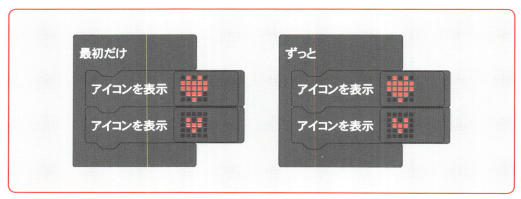

「最初だけ」ブロックと「ずっと」ブロックの中身が同じ

例として、LEDアイコンが点滅するプログラムをベースに、関数を作っていきます。

図のようにブロックを組んだ場合、「最初だけ」と「ずっと」のどちらにも、2種類の「アイコンを表示」が使われています。このような場合、2つの「アイコンを表示」を1つの関数として作成し、それを使い回すことで、プログラムを整理することができます。

高度なブロックの「関数」から「関数を作成する」を選びます。

関数に名前を付けます。デフォルトでは「何かする」と入力されていますが、今回は「ドキドキ」としました。パラメータを追加するブロックがありますが、まだなにも追加せずシンプルな関数を作ります。

2種類の「アイコンを表示」を関数「ドキドキ」にまとめ、「最初だけ」と「ずっと」で関数「ドキドキ」を呼び出します。関数を作ると、「関数」のなかに名前を付けた関数を呼び出すブロックが追加されるので、そのブロックを使いましょう。

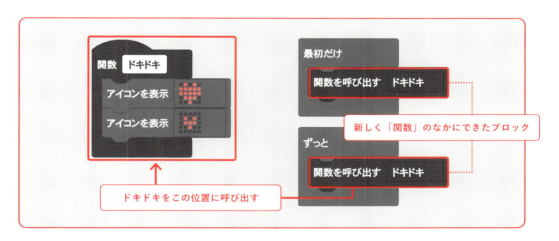

このくらいのことであれば、関数を使わなくても同じことはできます。しかし、関数を使うことで、何度も同じブロックを配置することなくまとめることができます。これが関数の基本的な使いかたの1つです。

❷ パラメータを渡す関数

関数で表示されるアイコンがいつもハートではなくて、ときと場合によって違うアイコンにも設定できたら、もっと便利になりそうです。このようなときに、関数にパラメータを渡すことで、その値に応じてアイコンを変更することができます。

はじめに関数を作成するときに「パラメータを追加する」で「数値」を1つ追加します。

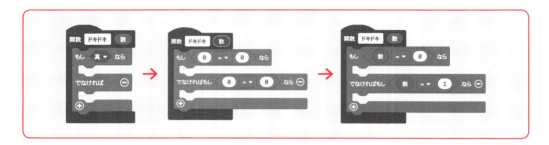

関数のなかに「論理」から「もし〜なら　でなければ」ブロックを配置し、「＋」「−」ボタンで要素を整え「もし〜なら　でなければもし〜なら」とします。さらに「0＝0」ブロックで2つの数を比べる条件を追加し、関数に渡された「数」をドラッグして「数＝0」と「数＝1」の条件とします。

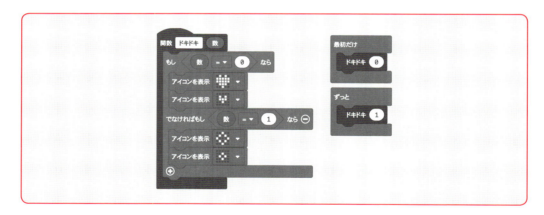

「数＝0」でハート、「数＝1」でダイヤモンドのアイコンが表示されるようにブロックを組み、「最初だけ」ブロックで「ドキドキ」関数を呼び出すときに0を、「ずっと」ブロックでは1を渡します。

関数に渡せるパラメータの種類は、数値のほかにも「文字列」「真偽値」「LedSprite」があり、組み合わせることも可能です。関数でうまく共通部分をまとめ、少し違う部分はパラメータを渡して処理を変えると、複雑なプログラムをスッキリ整理できることがあります。プログラムの整理は自分の頭のなかの整理につながるので、便利なだけでなく上達のポイントでもあります。

❸ パラメータを返す関数

関数には、パラメータを渡すものだけでなく、「その関数を呼び出すとなにかパラメータを返してくれる」という働きをするものもあります。シンプルな例として「2つのパラメータを渡すと足し算して返す関数」を解説します。

このタイプの関数はブロックだけで作ることができません（※2019年6月時点）ので、JavaScriptモードと合わせて使います。すべてをJavaScriptで書くと作業が多くなりますので、ここではブロックとJavaScriptモードを行き来して関数を作っていきます。

新しく関数を作成します。このときパラメータとして「数値」を2つ追加します。ブロックで関数を作るときは、新しく関数を作るときだけパラメータを追加できるようです。あとから追加できないので、ここで確実に2つ追加しましょう。うっかりパラメータが1つだけになってしまった人は、このあとのJavaScriptモードのときに自分で書くか、いったんその関数を削除して作り直してください。この「ふたつの値を足す」関数と「ボタンAが押されたとき」「数を表示」ブロックを配置し、大まかにプログラムの構造を作ります。

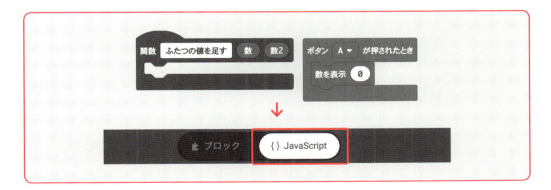

ここからはJavaScriptモードで関数のなかを細かくプログラミングしていきます。慣れてきたら最初からJavaScriptモードでプログラムを書いていくスタイルでもよいのですが、ブロックをうまく使えば、プログラムを書く作業を少し減らせるので便利です。

まず関数「ふたつの値を足す」にプログラムを追記していきます。はじめは関数のなかになにも書かれていないので、そこに「return 数＋数2」と書きます。「数」と「数2」は関数を作るときに設定したパラメータの名前です。注意するのは「＋」です。日本語（全角）の「＋」にするとエラーになりますので、英文字（半角）の「＋」にしてください。

変更前

```
function ふたつの値を足す(数:number, 数2:number){

}
```

変更後

```
function ふたつの値を足す(数:number, 数2:number){
    return 数＋数2
}
```

変更後のように、ブロックにないプログラムを関数に書き足すと、ブロックが変化します。確認のため、いったんブロックモードに戻ってみましょう。

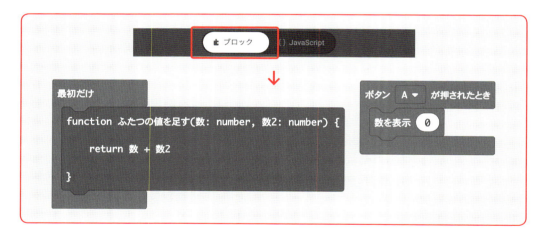

ブロックモードにすると「関数」からブロックが消えてしまいました。「最初だけ」にプログラムはあるので作った関数自体は存在するのですが、これではブロックを組んで関数を呼び出すことができません。そのため、JavaScriptを書いて関数を呼び出します。

JavaScriptモードに切り替え「basic.showNumber()」のカッコ内に関数を呼び出すプログラムを書きます。コンマで区切った数値のパラメータを2つ（今回は例として「1」「2」）書きます。

変更前

```
input.onButtonPressed(Button.A, function (){
  basic.showNumber()
})
```

変更後

```
input.onButtonPressed(Button.A, function (){
  basic.showNumber(ふたつの値を足す(1,2))
})
```

　注意することとして、ここでは関数の名前に日本語を使っていますが、漢字やひらがなも、自分の作った関数と同じにする必要があります。たとえば「ふたつの値を足す」を「ふたつの値をたす」と書くとエラーになります。また、カッコや数値やコンマは、英文字（半角）でなければなりません。このようにプログラムに日本語を使うと、パッと見た感じではわかりにくいエラーを起こす可能性があります。MakeCodeエディタでは日本語入力もできますが、プログラムに慣れてきたらできるだけ英文字（半角）を使うようにするとよいでしょう。

プログラム全体

```
input.onButtonPressed(Button.A, function (){
  basic.showNumber(ふたつの値を足す(1, 2))
})
function ふたつの値を足す(数:number, 数2:number){
  return 数+数2
}
```

ブロックモードに戻るとこのようになります。

シミュレーターで確認してみましょう。ボタンAを押すと1＋2で「3」が表示されました。

「関数」は、ブロックだけでプログラミングする場合はパラメータを返すことができませんが、JavaScriptを使えば可能です。そしてこの「関数」の考えかたは、ほかのプログラミング言語でもごく一般的に使います。

このように、ブロックだけでは使いこなせないプログラムは、まだまだたくさんあります。いきなりJavaScriptを理解するのは難しいかもしれませんが、「ブロック」と「JavaScript」はいつでも切り替えることができますので、どう変換されるか眺めてみる時間を作って、プログラムの理解を少しずつ進めてみましょう。

このチャプターのまとめ

ポイント
- □ よく使うブロックのまとまりは、「関数」ブロックから関数にすることができる
- □ JavaScriptを組み合わせると、パラメータを返す関数も作れる
- □ プログラムでは、できるだけ英文字（半角）を使う

CHAPTER

デザイン工作

CHAPTER 8 デザイン工作

　micro:bitの面白いポイントは、自分で書いたプログラムを実際に動かせるところです。さらに、工作によってmicro:bitの持ちかたや使いかたにも変化を与えれば、ますます発想が広がり楽しくなってくるでしょう。デジタルとアナログの両方を区別なく楽しむことは、これからのデザインの醍醐味です。

　micro:bitは「プログラムのカケラ」となるブロックを組み合わせることで、素早くいろいろな表現ができますが、この考えかたは工作にもつながります。筆者の考える「工作のカケラ」は、道具や工作のコツです。ブロックのようにかんたんにはいかず、はじめは失敗や練習を繰り返すことでしょう。同じ道具と同じ材料を使っても、誰もが同じ完成度にならないのです。それは逆に注目を浴びるチャンスでもあります。

　プログラミングとの大きな違いは、工作は「やり直し」がきかないことです。でも大丈夫です。余った材料で練習して本番に挑めば失敗は減らせますし、失敗しても工夫して復活できる場合もあります。もし失敗しても、それをなかったことにする「やり直し」ではなく、失敗を成功に変えるミラクルな発想を目指してみましょう。どうしてもダメだと思ったら素直に作り直したほうが早いかもしれませんが、そのときにはもう同じ失敗はしないはずです。

　ここではまず、紙を材料としてシンプルな箱を作ります。その工程で道具の使いかたを紹介します。紹介する工作はほんの一例です。まずは指示通りに作ることで「工作のカケラ」を覚え、慣れてきたら本書にはない新しい素材や道具に挑戦してみてください。自分の好きな形、好きな手触り、好きな色に変えて、こだわってみてください。プログラミングも工作も、自分の好きなように作るワクワクがあります。その気持ちは、あらゆるものをデザインすることにつながることでしょう。

❶ 工作の準備

- 工作用紙
- カッターマット・定規
- 両面テープ
- カッターナイフ
- のり
- クリップ

● **工作用紙**

　方眼のついた厚紙で、切る・折る・接着するなどの加工に適した紙です。文房具店や100円ショップなどで入手できます。入手しにくければ、薄めのダンボールやケーキの箱など、薄くて丈夫な厚紙を準備してください。

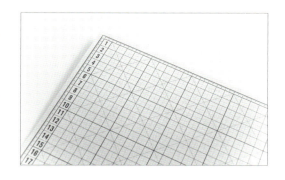

● **カッターナイフ**

　紙を切るのに使います。とくに種類は問いませんので、準備しやすいカッターナイフを使ってください。

● **カッターマット**

　カッターナイフを使うときに、テーブルなどを傷付けないように使う下敷きです。なければ、新聞紙を数枚重ねる、いらない雑誌を下敷きにするなどして代用してください。

● **定規**

　寸法を測る、カッターナイフを当てて直線を切るなどに使います。

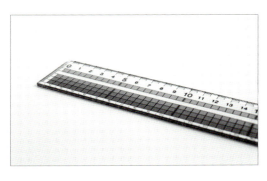

8 ─ デザイン工作

● **接着剤（のり、または木工ボンド）**

紙を接着するときに使います。のりよりも、木工ボンドのほうが固まったときに丈夫になり、オススメです。

● **両面テープ**

のりで貼れないものを接着するときに使います。たとえばmicro:bitと電池ボックスを固定するときなどに使います。

● **クリップ**

のりで紙を貼るときにクリップでしばらく固定すると、きれいに接着できます。一度に2か所以上固定することで、紙の反りなどを抑えて接着することができるので、2個以上あると便利です。

❷ 工作のコツ

　本書では、厚紙を「**切る**」「**折る**」「**貼る**」工程で工作を進めていきます。ここではまず、これらの工作のコツを紹介します。早く工作したい人は読み飛ばしていただいても大丈夫です。どうしてもうまくいかない場合はこのページに戻ってみてください。

☐ 切る

　直線をきれいに切りたいので、ハサミではなく、カッターナイフと定規、カッターマットを使います。

　一般的なカッターナイフの刃は、刃先を折ることで、刃の切れ味をよくすることができます。紙といえども刃は次第に切れにくくなってきます。切れ味が悪くなってきたら刃先を確認してみてください。

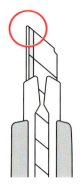 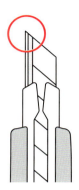

　カッターナイフを定規に当てて切りますが、1回で切ろうとせずに、定規がずれないようにしっかりと固定してください。また、カッターナイフで切り始める前に、定規から指が出ないことを確認して切ると、よりきれいな直線に切ることができます。

　怪我を少なくするために、カッターの刃は出し過ぎないようにしましょう。また、作業が一段落したらカッターの刃は、こまめにしまうようにしてください。とくに教室など複数で工作するときには、自分以外の人に怪我をさせないよう注意しましょう。

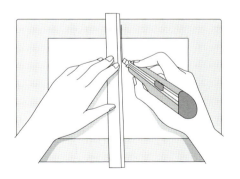 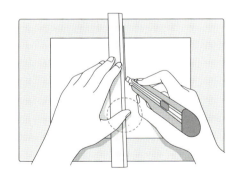

□ 折る

きれいに折るには、折る前に、カッターナイフと定規を使って軽く切り込みを入れ、折り目を付けます。こうすることで折りやすくなり、仕上がりが美しくなります。折り目を**山折り**にするか**谷折り**にするかは、シャープにしたいか、丈夫にしたいかを考えながら決めていきます。

紙の断面図です。図では紙の厚みの半分くらいまで切り込みがありますが、少し大げさに描いていますので、実際は表面を薄く切り込んでください。

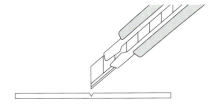

● シャープに折る（山折り）

切り込みを入れた部分を山折りにすると、シャープに折ることができます。小さすぎて折りにくい部分や、折り曲げ回数の少ない部分に使うときれいに仕上がります。ただし、紙の表面の層が切られるので、急な角度の折りや、なんども折り曲げる部分では、紙が剥がれてボロボロになり、きれいに仕上がりません。

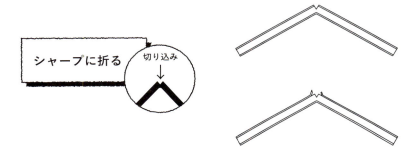

● 丈夫に折る（谷折り）

急な角度にしたり、何度も折ったりする部分は、谷折りにします。はじめに軽く折って紙にクセを付けると、きれいな谷折りになります。切り込みが内側にくるので、紙の外側が剥がれにくく、きれいに仕上がります。

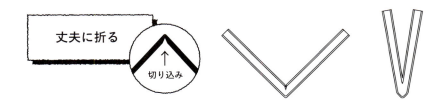

□ 貼る

　接着剤できれいに紙を貼るポイントを説明します。基本的にパーツとパーツをつなぐために行いますが、接着剤が乾燥して硬くなることを利用して、強度を出すために行う場合もあります。

● 接着剤の塗りかた

　面と面を貼り合わせたいとき、基本的に接着剤は全面に塗ります。

　貼り合わせる２枚の紙のうち、１枚だけに、接着剤をジグザグに塗り、それを余った紙で作ったヘラで伸ばします。全面に塗ったら、乾かないうちにもう１枚と貼り合わせます。

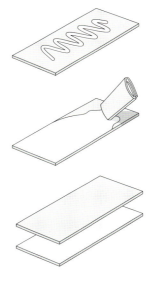

　貼り合わせると接着剤がはみ出すことがあります。はみ出した接着剤は、乾かないうちに拭き取ってください。

111

接着剤が少ない場合、時間が経つと湿気などで紙が反ってくることがあります。逆に接着剤が多すぎると、はみ出しすぎて仕上がりが汚なくなる原因にもなります。

● **クリップで挟む**
　貼り合わせたあと、接着剤が乾くまでは、クリップで挟んでずれないように固定します。このとき隙間ができないように、ぎゅっと押さえつけるようにしてください。完全に乾くまで固定するのがベストですが、クリップが足りない場合は、だいたい乾いたらクリップを外してもよいでしょう。

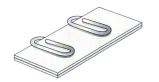

❸ 基本ボックスの工作

　これからmicro:bitを入れる箱を作ります。この箱は工作の道具やコツを知るための基本的なもので、さらにこの箱を基準に発展した工作に作り変えていきます。いろいろな作品の基本となるという意味を込めて「**基本ボックス**」と名付けました。
　箱を作りはじめる前に、まずはmicro:bit側の下準備をしていきます。

☐ ①電池ボックスを用意する

単３電池２本・PHコネクタ付き

　micro:bitの裏面にあるバッテリーコネクタにすぐに取り付けられる電池ボックスです。

☐ ②紙のパーツを用意する

タテ：１cm×ヨコ：２cm
※複数枚重ねて厚みを1.5mm以上にする

　筆者の使った工作用紙は厚さが0.47mmなので、４個のパーツを作り、重ねて貼り合わせました。できたパーツは、両サイドに両面テープを貼っておきます。

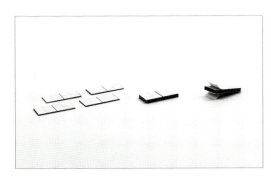

☐ ③両面テープで紙のパーツを
　　固定する

　micro:bitの裏面のロゴ周囲で、電子部品がない（凹凸の少ない）場所があります。この場所に紙のパーツを貼ります。

④両面テープで電池ボックスを固定する

先ほど貼り付けた紙のパーツに、さらに両面テープを貼り、電池ボックスを固定します。このとき、電池ボックスがmicro:bitの中央になるよう左右を合わせ、上下は裏面のバッテリーコネクタに触れるようにすると、おさまりがよくなります。

この電池ボックスにはスイッチがついていませんので、使わないときは、電池を少し浮かして電源オフにします。

❹ 厚紙によるパーツ作り

　次に、厚紙を材料として箱を作ります。micro:bitをなにかに使おうとすると、前面のボタンや背面のコネクタなどの凹凸があって、なかなか安定して固定することができません。先ほどの電池ボックスを貼り付ければ立てて置きやすくはなりますが、それでもやはり、腕や足に付ける、壁に貼るなどを考えると難しいでしょう。そこで紙工作の道具やコツを学びながら、いろいろな用途に使える「基本ボックス」を考えました。

　用意する紙は「工作用紙」としていますが、厚紙で丈夫なものがあればそれでもよいでしょう。厚紙といってもダンボールのように厚みが1〜2mmあるものは、厚みを考慮した設計をする必要が出てきますので、できれば文具店や100円ショップで入手できる工作用紙、ボール紙、ケント紙など、厚紙のなかでも比較的パリっとして薄くて丈夫なものがオススメです。このような紙は今回ほとんど厚みを考慮しなくてよく（厳密には考慮しなくてはなりませんが）、仕上がりもコンパクトになります。本書の工作例では、方眼がついていて便利な「工作用紙」を使います。ほかの厚紙を使う場合は定規の目盛りを使って工夫してください。この「基本ボックス」をいくつか制作しておいて、アイデアが閃いたときに改造して使うと便利だと思います。

　紙工作で箱を作る場合、展開図をもとに切ったり貼ったりする作業が一般的です。しかし展開図を作るには完成イメージが必要ですし、図の通りに正確に寸法を測って作ることに意識が集中しがちです。それは自由な発想と言えるでしょうか。自分で考えたイメージを現実化する楽しさは、micro:bitのプログラミングで体験できます。工作でもその楽しさを大切にしたいものです。

　そこで筆者が考えた工作では、長方形を基準としたパーツを組み合わせることにしました。寸法も5mm単位の大雑把なもので、加工がシンプルになります。これなら、たとえ失敗しても長方形のパーツを作り直すだけでよく、新しくアイデアを閃いたなら、長方形の大きさを変えたオリジナルのパーツを作ることができます。紙でできたパーツは、追加して貼り付けたり、切り込みを入れて改造したり、2枚合わせにして強度を増したりできます。

□ ①寸法を測って切り出す

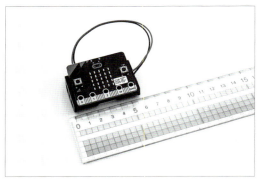
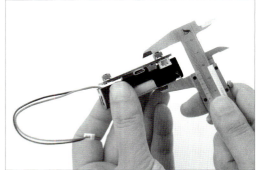

　工作用紙には5mmの方眼の線がありますので、5mm刻みで大きくしておくと便利です。もっと厳密に寸法を決めたい方は「**ノギス**」という道具を使うと便利です。ただし、厳密に作る場合は紙の厚みを考慮しなくてはなりませんので、やや難しくなります。

　今回の工作では、紙の厚みを考慮しない寸法になっています。そのせいで折り曲げたときに少しぶつかってしまうところが出てくるかもしれませんが、そんなときは、ぶつかりそうな部分を少しずつ切り取りながら微調整してください。

	タテ	ヨコ	高さ
実際の寸法	43mm	57mm	24mm
余裕をみた寸法	50mm	60mm	25mm

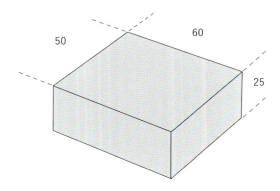

　なお、長さの単位はすべて「mm（ミリメートル）」とします。プロダクトやインテリアなど多くのデザイン業界では「mm」が標準だからです。

● パーツの寸法

基本ボックスは、大きく分けてA〜Fの6種類のパーツから構成されます。

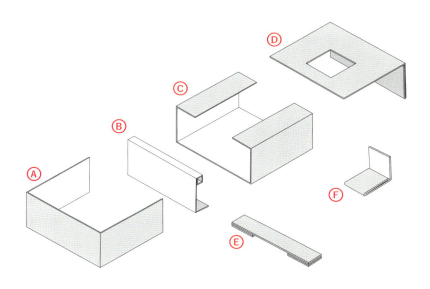

● Aパーツの寸法

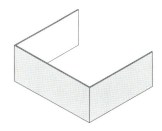
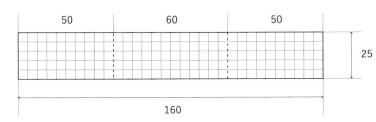

● Bパーツの寸法

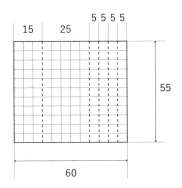

8 ｜ デザイン工作

117

● Cパーツの寸法

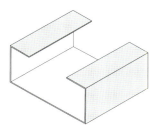
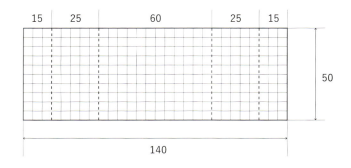

● Dパーツの寸法

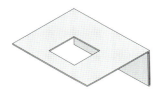
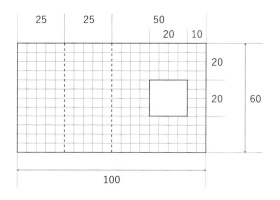

● Eパーツの寸法

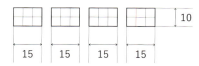

● Fパーツの寸法

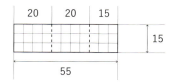

□②パーツを組み立てる

● Aパーツの組み立て

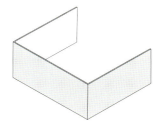 

「Aパーツ」は完成後にボックスの表面にくるパーツです。表面になる折り部分は、切り込みが内側に来るように折った方がよいでしょう。

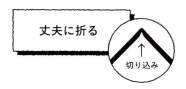

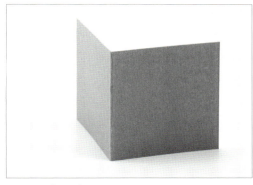 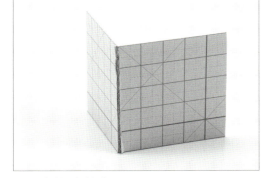

丈夫に折る（谷折り）　　　　　　　　　　　　シャープに折る（山折り）

　このパーツでは「折る」で紹介したカッターで軽く付ける折り目は、内側にしたほうがよいでしょう。「折り目」が外側のほうがシャープに折ることはできますが、工作中や完成後にその「折り目」から紙がだんだん剥がれてくることがあり、せっかく丁寧に作っても見た目が悪くなってしまいます。このように何度も手に触れるところや、完成後に目立つところには、折り目を内側にして「丈夫に折る」のがポイントです。

● Bパーツの組み立て

「Bパーツ」は、完成後はボックスの内側に隠れてmicro:bitを支えるパーツとなります。そして5mmずつ折る部分があります。このように細かく折りたい場合は、シャープに折ることを目標として切り込みを外側にして折り、手早く接着するとよいでしょう。Aパーツのように谷折りにすると、紙の厚みによってはヨレヨレになる場合があります。一度、紙の余りで練習してみると確実です。

また、紙の厚みを考慮すると以下に示す図とは少し異なる形になり、5mmの部分を折ると断面はきれいな正方形にはなりません。しかし余裕をみた寸法なので多少歪んでしまっても問題ありません。歪みが気になる場合は、接着する前に少しずつ切って微調整してください。

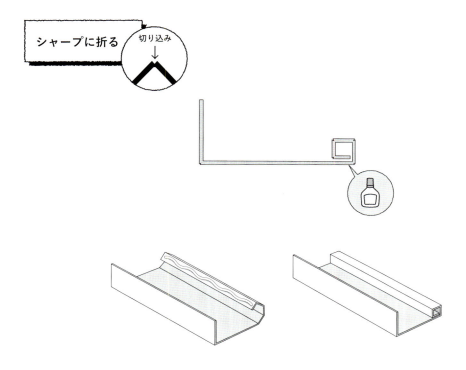

120

● Cパーツの組み立て

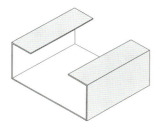 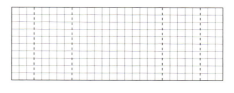

　「Cパーツ」も完成後にボックスの表面にくるパーツです。表面にくる折り部分は、切り込みが内側に来るように折った方がよいでしょう。

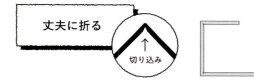

● Dパーツの組み立て

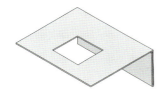 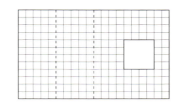

　「Dパーツ」はなかを四角にくりぬいて切ります。この穴は完成後、micro:bitのLEDが覗く窓になります。一番目立つところなので、角を切りすぎないよう慎重に作業しましょう。

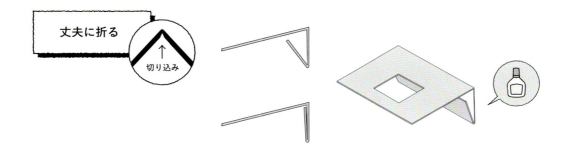

　フタになる面を丈夫にするため、2枚重ねに折り曲げ、その面を貼り合わせます。

● Eパーツ・Fパーツの組み立て

「Eパーツ」と「Fパーツ」はフタになるパーツです。「Eパーツ」でつくる隙間に「Fパーツ」でつくるベロを差し込みます。まず写真で２つの位置関係を確認してください。

Eパーツの組み立て

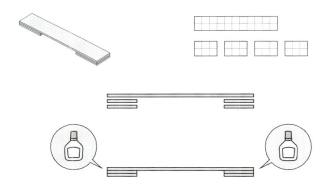

フタのベロを差し込む部分になります。ベロの厚みは紙２枚分になりますので、パーツEにも同じ厚みを作ります。

Fパーツの組み立て

丈夫になるように、ベロとなる部分を２枚重ねに折り曲げ、貼り合わせます。

□ ③パーツ同士を組み立てる

● AパーツとCパーツの接着

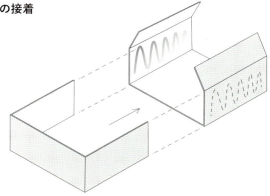

「Aパーツ」と「Cパーツ」を接着します。「C」の側面内側に接着剤を塗り、「A」を入れます。接着剤が乾くまで、パーツがずれないように気をつけながら、クリップで固定してください。

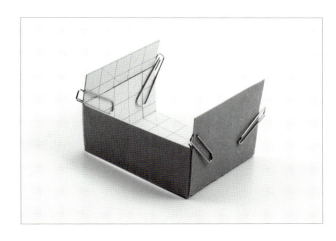

● Bパーツの接着

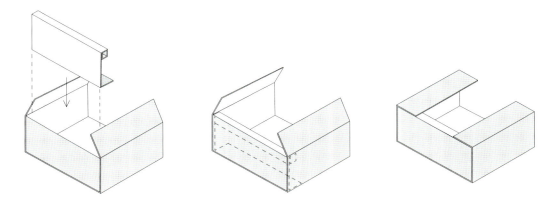

先ほどできたものに、「Bパーツ」を接着します。最初に「Bパーツ」の2面に接着剤を塗り、L字の補強材として「A」と「C」をつなぎます。

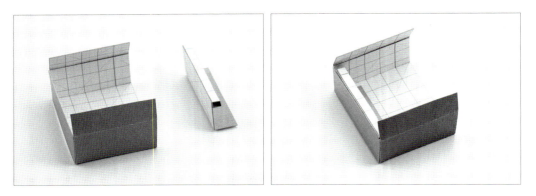

つづいて「Cパーツ」の開いた部分と「Bパーツ」を接着します。

● Dパーツの接着

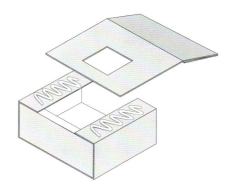 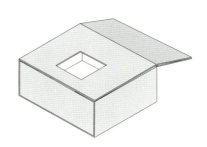

続いて「Dパーツ」を接着します。
「Dパーツ」は四角い穴からmicro:bitのLEDを覗かせるので、基本ボックスで一番目立つパーツになります。接着剤は丁寧に端まで塗るようにして、パーツがめくれ上がらないように接着してください。

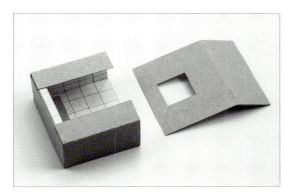 

● EパーツとFパーツの接着

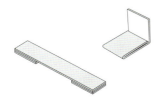 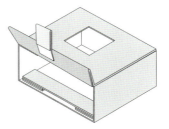

続いて「Eパーツ」「Fパーツ」を取り付けます。きれいに仕上げるための細かい説明が次ページにありますので、よく読んで焦らずに作業してください。

最初に「Eパーツ」を接着します。このとき、ボックスのなかに1〜2mm入るようにすると、フタを閉じたときの見た目がきれいになります。

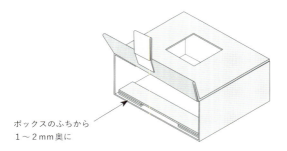

ボックスのふちから
1〜2mm奥に

次に「Fパーツ」を取り付けますが、先にEの隙間に差し込んでボックスの真ん中にくるように位置を決めます。位置が決まったら接着剤を塗り、そっとフタを閉じ、接着されるまでしばらく抑えておきます。

□ ④完成

これで「基本ボックス」は完成です。

基本ボックスのままでも立てて置くことができるので、窓際で光の明るさを調べたり、置きかたによってLEDの絵を変えたりできます。

☐ あると便利なツール

● 厚みのある両面テープ

この両面テープは凹凸のある壁面などに使われるもので、厚みが2mmあり、弾力もあります。厚みのある両面テープがあれば、電池ボックスを付けるときに作った紙のパーツを作る必要がなくなります。

● ひっつき虫

粘着力が弱く、自分で大きさを変えることができるので、「厚みのある両面テープ」の代わりに使えます。厚紙にも使えるので、開け閉めするフタ部分などを固定するのにも便利です。

● ノギス

0.1mm単位まで正しく寸法を測りたいときに使います。ギリギリまで小さい工作をしたいときに便利です。その代わり、紙の厚みや折りも寸法に影響しますので、工作の難易度は上がります。それでもピッタリと作れた瞬間は気持ちいいですよ。

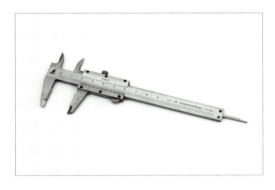

8 ─ デザイン工作

❺ 足や腕に付ける

基本ボックスを少し改造して、マジックテープで足や腕に固定できる工作を紹介します。

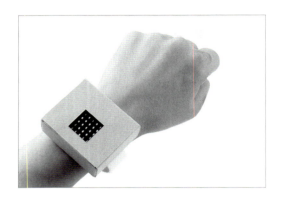

● **用意するもの：**

マジックテープ（表と裏でくっつくタイプ）

一般的なマジックテープは、ふわふわしたテープと、ザラザラしたテープが別々になっています。ふわふわした毛にザラザラした突起が引っかかってテープが固定されます。

今回は表と裏にふわふわとザラザラがあるマジックテープを使っています。1種類のテープなので自由な長さにカットして使えます。

● **基本ボックスの改造**

背面に、マジックテープを通すパーツを制作し、貼り付けます。

マジックテープの幅と厚みを考えて、寸法を決めます。今回のマジックテープは、幅が20mm、厚みが1mmありました。隙間の厚みを出すために、10mmの紙を2重に折って接着します。

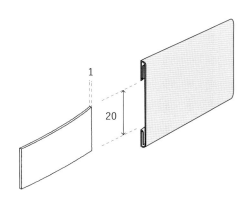
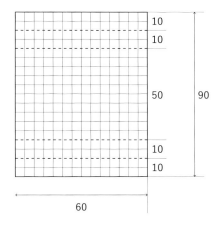

追加のパーツを接着剤で貼り、乾くまで十分に待ってください。

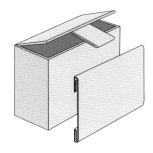

マジックテープを通して完成です。

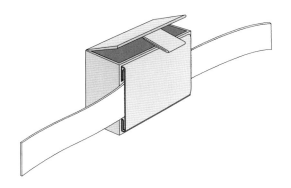

❻ マグネットで貼り付ける

　基本ボックスを、マグネットで貼り付けられるように改造します。冷蔵庫に付けたり、黒板に付けたりできます。ただし、常にmicro:bitの磁気センサが反応してしまいますので、磁気センサを使ったアイデアには使用できません。

● **用意するもの：マグネット**

　マグネットは小さくても強力な「**ネオジウム**」がオススメです。100円ショップでも売っています。今回は直径が10〜20mm程度のものを使いました。

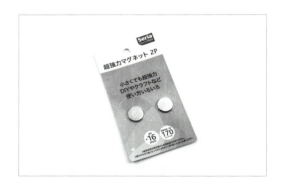

● **基本ボックスの改造**

　背面にマグネットを取り付けます。ネオジウムは力が強いので、しっかり固定する必要があります。基本ボックスにはセロテープなどでマグネットを取り付けることもできますが、黒板などに貼り付けることはできても、うまく剥がすことができないでしょう。

　そこで、マグネットを包み込むパーツを作り、基本ボックスの背面に貼り付けました。厚紙を2つ折りにしてその間にマグネットを配置し、紙同士を接着します。厚紙は少し揉むように柔らかくするとマグネットを包むように曲がります。このようなパーツも長方形から作ることができます。

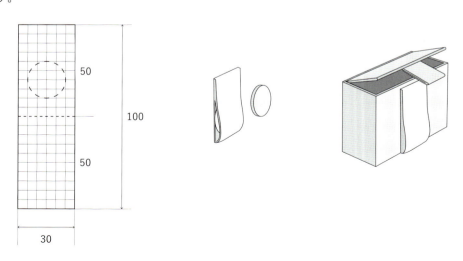

❼ 植木鉢や花壇に差し込む

　割り箸を使って、植木鉢や花壇などの土にに差し込めるように工作をしてみます。植物に当たる光の明るさを調べる場合などに役立つと思います。さらに、ビニール袋で包むことでかんたんな防水対策も工夫してみました。ただし、あくまでも簡易的な防水なのでご注意ください。

●**用意するもの：割り箸、ビニール袋**

　基本ボックスの背面に、割り箸をそのまま接着します。接着面積が広くなるようも接着したほうが、丈夫になると思います。

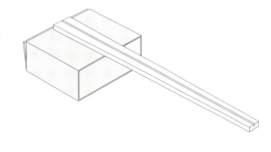

　micro:bitに電池を取り付け、基本ボックスに入れたら、ビニール袋をかぶせます。上から水が降ってくると想定して、袋の口を下にして結びました。土から上がってくる湿気や、朝つゆなどは想定していませんので、あくまでも簡易防水です。micro:bitが濡れると壊れる可能性がありますので、自己責任で実験していただければと思います。

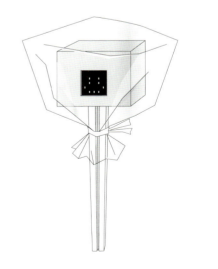

8 ― デザイン工作

131

❽ タッチ操作のジュークボックス

　ここからは「基本ボックス」の工程にあった道具とコツを応用した工作と、新たにmicro:bitと電気的につなぐ工作を紹介します。

　まずはmicro:bitのタッチセンサ機能を使って音楽を奏でる「ジュークボックス」を作ってみます。micro:bitのタッチセンサは、公式サイトで紹介された例などを見ると、片方の手でGNDに触れておき、もう片方の手でタッチしています。GNDに触れておくとタッチの感度が安定するのですが、操作しにくいように思います。手に限らずとも「体の一部でGNDに触れる」と感度は安定しますので、片手で操作できるように工夫してみます。

　片手でGNDをタッチしたまま、
もう片方の手でタッチセンサにタッチする。

　指でGNDをタッチしたまま、
もう1本の指でタッチセンサにタッチする。

□ ①ネジについて

　この工作ではネジを使います。たくさんの種類があるネジから必要なものを選べるように、また、間違った種類のネジを買わないように、はじめにネジについて解説します。

　ネットで調べるとmicro:bitにネジを使う工作例が見つかります。本来ネジはなにかとなにかをしっかりと固定することを目的としますが、micro:bitの工作の場合はネジが金属製であることを利用して電気的につなぐ目的も兼ねていることが多いようです。

　ところが、はじめてネジを買おうとすると、おそらく種類の多さに驚くことと思います。micro:bitで使いやすいネジはどれか、自分で見分けられるか、店員さんになんといえば伝わるのか、そんな視点で説明します。

● ネジの種類

　まずはネジの胴体の違いから説明します。ネジの先が平たいか尖っているかで**小ネジ**か**タッピングネジ**と呼びます。小ネジは、**ナット**という部品、またはネジ山が作られた穴などを利用して締めます。小ネジ単体では締められません。

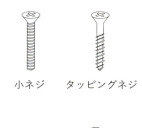

小ネジ　　タッピングネジ

　タッピングネジは、素材に直接ねじこんでタッピングネジ単体で締めることができます。木材など柔らかい素材に適しているので**木ネジ**とも呼ばれます。小ネジと違うのは先が尖っている点です。素材に直接ねじこんでいくので、ネジを繰り返し緩めたり締めたりするところには不向きです。

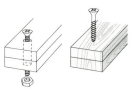

　micro:bitなどの電子工作では、メンテナンスの可能性を考えて「小ネジ」を使うとよいでしょう。

　ネジの頭の違いでも**サラ**か**ナベ**の大きく2種類に分かれます。頭が平たいものがお皿に似ているので「サラ」、頭に丸みのあるものが鍋のフタに似ているので「ナベ」と呼びます。micro:bitの工作例では、おもに金属のサラネジが使われています。それはmicro:bitの端子の穴と電気的につなぐ意味があるからです。ナベネジを使うと隣の端子と接触して不具合の原因となることがありますので、注意してください。

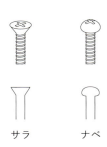

サラ　　ナベ

133

最後にネジの胴体の直径で太さを表すことも知っておきましょう。micro:bitでは直径3mmのネジを使いますが、お店では太さは「M3（えむさん）」と書かれています。

　また、これはなくてもよいのですが、タッチするときの指の感触をまるくするように「ふくろナット」という部品を使っています。ナットの片側がまるく閉じられていて、ネジ先をカバーするものです。「ふくろナット」がない場合はネジ先に直接タッチすることになります。

　ネジやナットにはまだまだ種類があります。ホームセンターのネジ売り場などに行って、知らないものを見つけたら検索してその用途を調べておくと、いざというときに役立つと思います。

　まとめると、今回の工作では「M3サラ小ネジ」「M3ナット」、入手できれば「M3ふくろナット」を使います。本書では長さ15mmの1種類だけ使いますが、工作の大きさなどをアレンジするときは必要に応じて、何種類か揃えることになります。また、ネジやナットの個数はピッタリではなく、少し予備を考えたほうがよいです。教室など複数で工作をする場合は、どうしても誰かがネジをなくしてしまいます。なくしたら予備を使って進行し、最後の片付けで見つかったら回収しておくとよいでしょう。今回使うネジやナットは取り外して使い回すことができるので、長さ違いで何種類か持っておけば、思いついたアイデアをさっと形にできるようになります。

● 今回の工作に必要なネジ、ナット類

M3サラ小ネジ 15mm………… 4コ
M3ナット …………………… 11コ
M3ふくろナット（あれば） …… 3コ

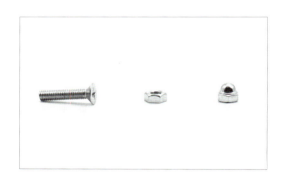

　長さ15mmが欲しければ、お店では「M3のサラ小ネジ15ミリはありますか？」と聞けばわかってくれるはずです。在庫を電話確認する時などに参考にしてください。

● 小型のケーブル付きスピーカー

　入手できるスピーカーによっては、工作するサイズが変わってきますので、直径が30mm以下、厚みが10mm以下のスピーカーがオススメです。また、はんだごてを使わないで造りたいので、ケーブル付きのものとしました。

□ ②**パーツの寸法と組み立て**

　ジュークボックスは4つのパーツからできています。このうち「Aパーツ」に、micro:bitとスピーカーを固定します。まずは4つのパーツのうち、AとBは寸法どおりに厚紙を切ってください。CとDは長方形ではないので、どんな寸法かあらかじめ計算するのは難しいと思います。そのような場合は、組み立てながら現物合わせで寸法を測り、パーツを作っていきます。

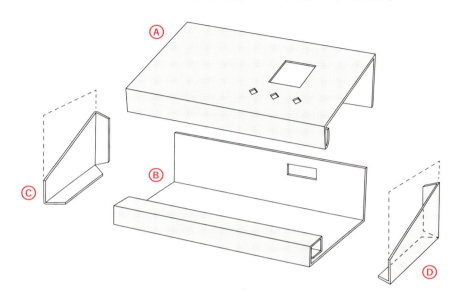

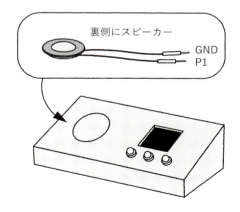

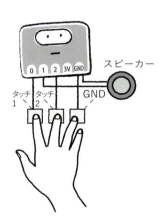

● Aパーツの寸法と組み立て

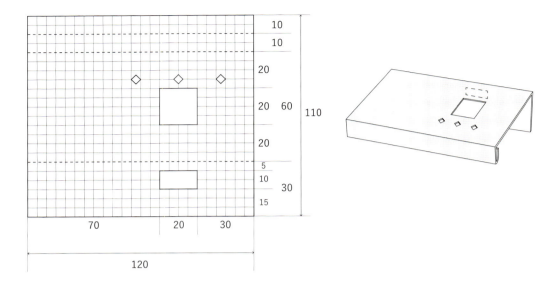

● ダイヤ型の穴の位置

このパーツで難しいのは、micro:bitのLEDが覗く窓と、ダイヤ型の穴の位置関係です。ダイヤ型の穴は、micro:bitの端子「0」「2」「GND」とつながるネジが通るものです。20mm正方形を基準にし、5mmの方眼紙をもとに位置を示すと、左の図のようになります。

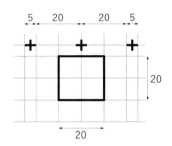

● ダイヤ型の穴のくり抜き

① まず、十字に切り込みを入れます。

② 次にななめに2本、切り込みを入れます。

③ さらに、もう2本の切り込みを入れます。

④ 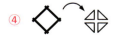 小さな三角形が切り抜かれるので、とりのぞきます。

なお、このあとダイヤ型の穴にはネジが通りますが、厳密な寸法でなくても、だいたいダイヤ型にくり抜きできれば、ネジは通ると思います。小さめに穴をくり抜いておいて、ネジをギュっと差し込み、厚紙の穴を広げる方法もあります。

● Bパーツの寸法

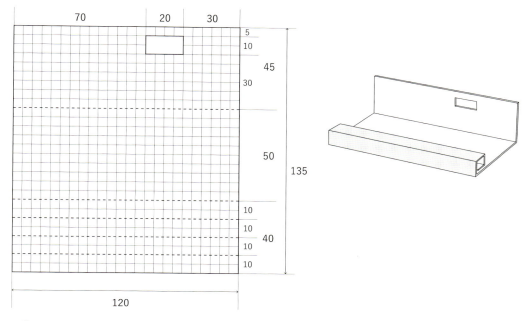

「Bパーツ」はとくに難しくはないと思いますので、寸法のみ示します。

● C・Dパーツの寸法と組み立て

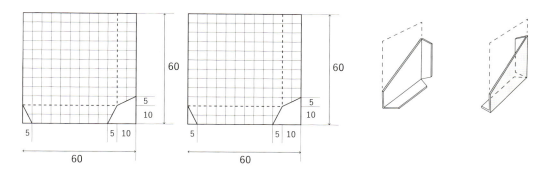

　C・Dパーツは、同じ寸法になります。これらはジュークボックスの側面になるパーツです。最終的に大きく斜めにカットする部分がありますが、この斜めの線はA・Bパーツを組み立てたあと、現物合わせで決めていきます。

　まずは、大きな斜め線を考慮しない形で、厚紙をカットしてください。次にA・Bパーツを先に組み立て、現物合わせでその斜め線を下書きします。あとはその線に合わせて最終的な形にカットします。そのあとC・Dパーツを本体に接着しますが、カットしてから接着したほうが作業しやすいでしょう。

□ ③ パーツ同士の組み立て

「Aパーツ」「Bパーツ」を接着します。フタとするため、手前は接着しないでください。

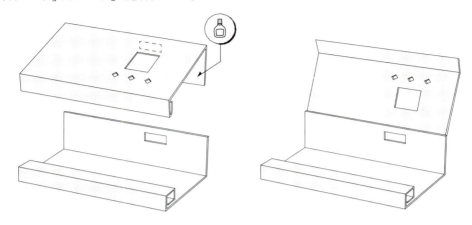

次に「Cパーツ」「Dパーツ」の斜めのラインを、現物合わせで下書きし、カットしてください。

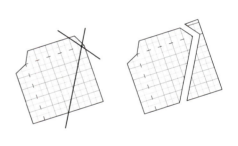

「Cパーツ」「Dパーツ」を側面に貼り付けて、ジュークボックスの本体は完成です。

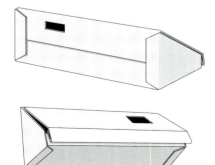

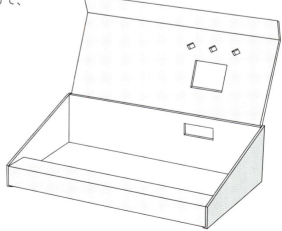

□ ④micro:bit・ネジ・スピーカーをつなぐ

　micro:bitにネジとナットを取り付けます。端子の「0」「2」「GND」には、micro:bitの裏面（LEDのない面）から「M3サラネジ15mm」を差し込み、LEDのある面で「M3ナット」を2つずつ締めます。

　ナットを2つ取り付けることで、micro:bitのスイッチの高さよりもナットが少しだけ高くなります。これはジュークボックスの本体に取り付ける際に、スイッチの高さが邪魔になるのを防ぐ目的があります。

　さらに「1」にはmicro:bitの表面（LEDのある面）から「M3サラネジ15mm」を差し込み、同様にナット2つで締めてください。

　次に、端子「1」に取り付けた2つのナットの間に、スピーカーの赤い配線を挟み、ナットで締めてください。このナット2つにスピーカーの配線を挟むことで、端子「1」とスピーカーを電気的につなぐ目的があります。同様にして端子「GND」の2つのナットの間にも、スピーカーの黒い配線を挟み、ナットを締めます。

　今回使うスピーカーの配線には赤と黒がありますが、端子「1」に赤、「GND」に黒をつなぎます。もし逆につないでも壊れることはありません。正しくつなぐと音がスピーカーの前面から出ますが、逆につなぐと背面から出ます。しかしほとんど違いがわかりませんので、気にならなければそのままでもよいでしょう。

☐ ⑤ micro:bitと本体の組み立て

　スピーカーを取り付けたmicro:bitを、ジュークボックス本体に取り付けます。micro:bitは「ダイヤ型」の穴に端子「0」「2」「GND」のネジを通します。スピーカーは両面テープを使って貼り付けます。

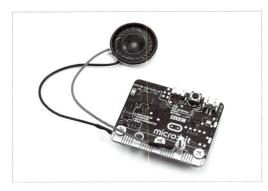

　電池を付けてジュークボックスの組み立ては終わりです。

☐ ⑥ プログラムの書き込み

　ジュークボックスの背面には、micro:bitのUSBコネクタが見えるようになっていますので、プログラムを書き込みます。

● **ジュークボックスのプログラム**

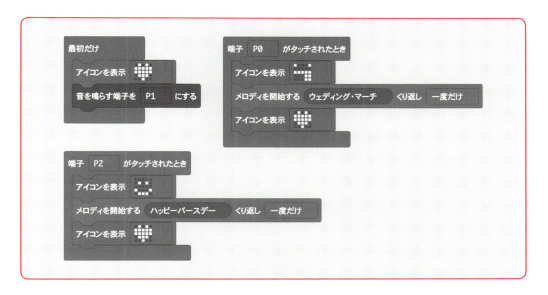

□ ⑦ **完成**

　今回のジュークボックスでは、両手を使わず片手でタッチできるようにする解決方法として、電子回路やプログラムではなく、工作自体で形を変えました。一般的に、ハードウェアを作るエンジニアと、それを包む形を決めるデザイナーは、それぞれの作業領域を別々に分けて考えてしまいがちです。しかし、エンジニアリングもデザインもできる人になれれば、プログラムで難しかったら工作で、工作で難しかったらプログラムでと、もっともっと自由な発想を形にできると思います。

　おそらくmicro:bitをはじめとする教材のおかげで、これからプログラムも工作もひとりでできる人はどんどん増えていくでしょう。本書で紹介した工作例は、塗装や飾り付けはできるだけ省略しています。もっとこうしたいなと思ったなら、どんどんアレンジして、自分だけのこだわりで差を付けていきましょう。

❾ 持ちやすいコントローラ

　micro:bitのタッチセンサ機能を使って「コントローラ」を作ってみます。micro:bitにはAとBのボタンが2つついていますが、手に持って押そうとすると少し小さく感じます。もう少しAとBのボタンの間隔が広ければ、ゲームコントローラのような大きさにできますが、かんたんにボタンを付け替えることはできません。そこでタッチセンサ機能を使って、タッチする場所を好きな位置にしてボタンの代わりに使います。

　ここでも「体の一部でGNDに触れる」ことを意識して、コントローラを持つだけで自然とGNDに触れるように工作で工夫してみました。

　さらにもう1つ、今回の工作のポイントがあります。それは「はんだ」「はんだごて」「ケーブル」を使わず電気的につなぐことです。これは道具を揃えることが大変な場合を想定しています。

　今回は、**アルミテープ**を用いてパーツを作り、micro:bitとネジで固定するという方法をとりました。アルミテープはホームセンターや、最近では100円ショップでも手に入ります。もちろん道具や材料をお持ちの方は「はんだ」「はんだごて」「ケーブル」などを使って配線しても問題ありませんが、アルミには「はんだづけ」ができませんので、ネジで配線を固定するかアルミテープを銅箔テープに代えるなど工夫してみてください。

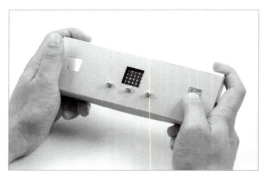 

　コントローラを握る手を想像してみてください。横長の直方体を両手で持とうとすると、自然と上図のように持つのではないでしょうか。そこで今回は、左右の親指がそれぞれタッチセンサとなり、無意識にコントローラの背面で両手のほかの指がGNDに触れる工作を考えてみました。

□ ①パーツの寸法

　コントローラは4つのパーツからできています。厚紙のパーツはシンプルにし、アルミテープによる配線をおもに解説していきます。まず厚紙のパーツを寸法通りにカットしてください。次にアルミテープのパーツを作り、本体を組み立てながらアルミテープのパーツを貼り付けていきます。最後にmicro:bitを取り付けて、プログラムを書き込んだら完成となります。

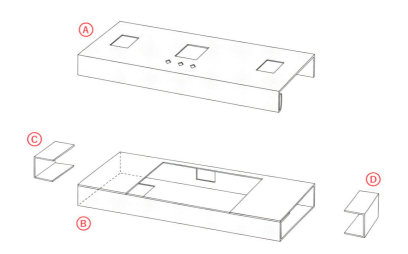

● Aパーツの寸法

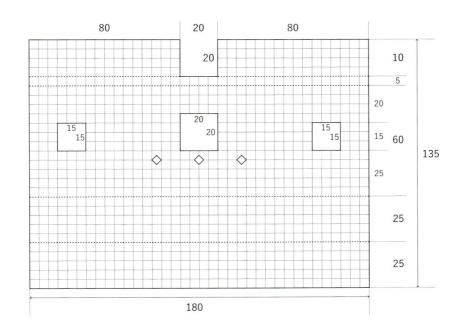

● Bパーツの寸法

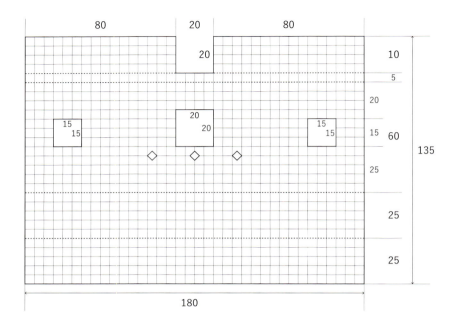

● C・Dパーツの寸法

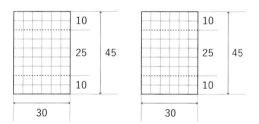

□ ②アルミパーツの準備

アルミテープだけで加工すると変形して難しいので、はじめにアルミテープを厚紙に貼り付けた「アルミパーツ」を作ります。今回は、そのアルミパーツの両面が電気的につながるようにし、裏面にmico:bitがつながり、表面にタッチエリアがつながるようにします。

注意することとしては、アルミパーツの両面が1つの電極となるように、アルミテープを厚紙の両面につなげて貼ることです。テープの接着剤の層はとても薄いのですが、電気が流れません。

● **アルミテープを厚紙の2倍の長さで用意する**

アルミテープは、厚紙の長さの約2倍の長さで準備してください。貼るときにずれてしまうことがあるので、はじめは余裕をもってほんの少し長めのアルミテープを準備するとよいでしょう。

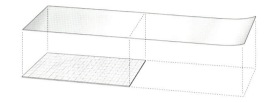

● **アルミテープを厚紙の両面に貼る**

アルミテープを厚紙の両面に貼ります。折り返し部分は、必ずつながった状態にしてください。

● **カッターで寸法通りに切る**

厚紙の両面にアルミテープを貼ることができたら、各アルミテープパーツの寸法を目安に、カッターで切っていきます。このとき、アルミテープの折り返しがどこか残るように切ってください。

● **注意する点**

注意する点は、アルミテープを重ねて貼らないようにすることです。一見するとアルミテープでつながったように見えますが、テープの接着剤の層のために、電気的にはつながっていないことになります。

8 デザイン工作

□ ③アルミパーツの寸法

● **アルミテープ**

　アルミ箔がテープになったものです。流し台の防水目的などに使われることが多く、ホームセンターや100円ショップでも入手できます。

● アルミパーツ「あ」の寸法

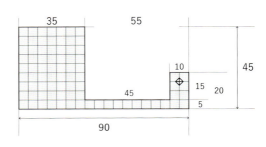

● アルミパーツ「い」の寸法

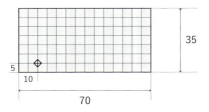

● アルミパーツ「う」の寸法

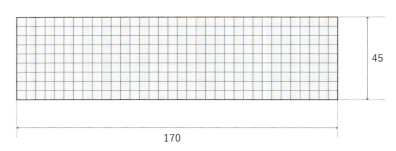

● アルミパーツ「え」の寸法

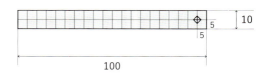

④パーツ同士の組み立て

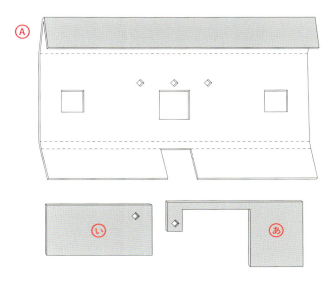

● Aパーツと「あ」「い」の接着

厚紙「Aパーツ」と、アルミパーツ「あ」「い」を用意します。

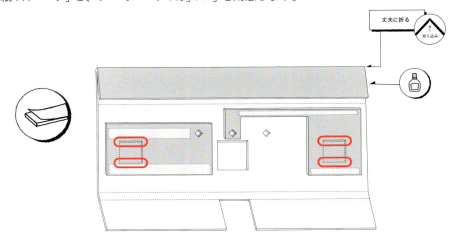

　図に示す「Aパーツ」の上部分を折り、接着剤で貼り合わせます。
　次にアルミパーツ「あ」「い」を貼りますが、厚紙とアルミテープの接着には「両面テープ」を使います。このとき、「Aパーツ」を四角く切り抜いた穴から、両面テープがはみ出さないように気をつけてください。

● Bパーツと「う」の接着

厚紙「Bパーツ」と、アルミパーツ「う」を用意します。

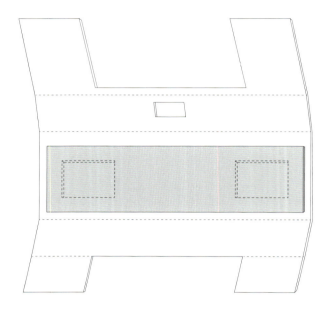

「Bパーツ」に「う」を両面テープで貼り付けます。このときにも「Bパーツ」の四角く切り抜いた穴から、両面テープがはみださないように気をつけてください。そのあと、図に示す「Bパーツ」の下部分の2か所に、裏から接着剤を塗ってください。

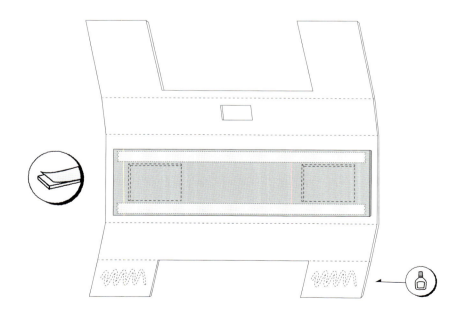

厚紙「Bパーツ」を折り、接着します。

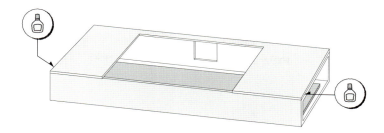

● CパーツとDパーツの接着

先ほど組み立てた2つのパーツを接着し、厚紙「Cパーツ」「Dパーツ」を接着します。

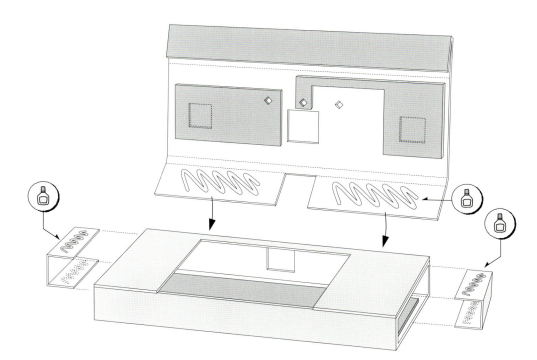

● 「え」の接着

　アルミパーツ「え」を図のように貼り付けます。厚紙「Aパーツ」との接着には「両面テープ」を使い、アルミパーツ「う」との接着には「セロハンテープ」か「マスキングテープ」を使います。

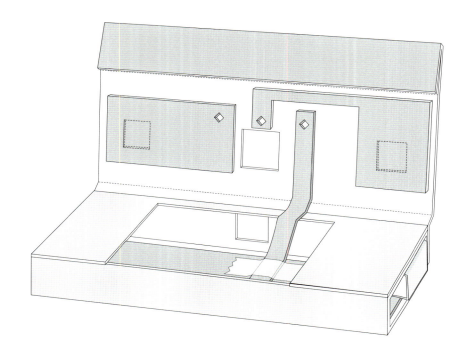

　アルミパーツ「う」「え」は、電気的につなぐ目的があります。この接着に両面テープを使うと、テープの接着剤層のために電気が流れなくなりますので、ここには「セロハンテープ」などを用います。

　手元に両面テープしかない場合は、セロハンテープのように使って貼ってください。

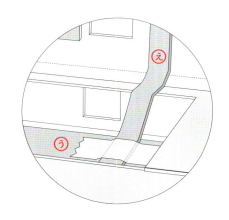
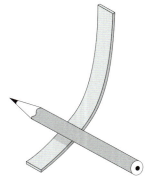

アルミパーツ「え」は、鉛筆などでなめし、やわらかく丸みを付けておきます。

● micro:bitへのネジの取り付け

　micro:bitを用意します。端子「0」「2」「GND」に、micro:bit 裏面（LEDのない面）から「M3サラネジ15mm」を取り付け、「M3ナット」を2個ずつ使って固定します。

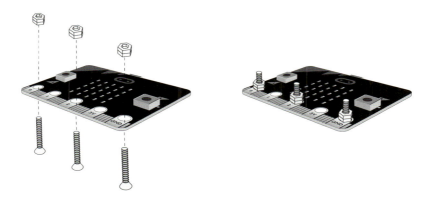

● micro:bitの固定

　ネジとナットを取り付けたmicro:bitを厚紙の本体の内側から取り付け、外に出たネジを「M3ナット」を1個ずつ使って固定します。

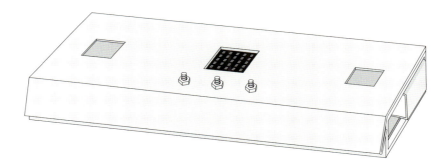

　ネジの角が気になる場合は、「M3ふくろナット」を取り付けるとよいでしょう。

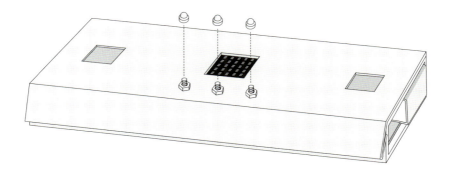

● **プログラムの書き込み**

プログラムを書き込んで完成です。コントローラを手に持ち、四角い穴から覗くアルミパーツをタッチしてみてください。LEDのアイコンが変化すれば動作は問題ありません。

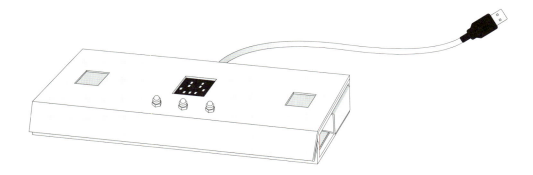

さらにこのコントローラを使う例として、Processingで作ったサンプルがあります。また、応用例としてはmicro:bitを2台使った「無線」にすると、ワイヤレスコントローラにもできます

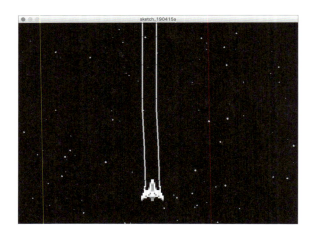

micro:bitとProcessingをつなぐ方法は CHAPTER 9 で紹介します。

このチャプターのまとめ

ポイント
- □ 工作するとmicro:bitを腕に付けたり、ゲームコントローラのように使ったりできる
- □ 最初から難しい形を考えずに、単純なパーツを組み合わせて作りながら考えてみよう
- □ 電気が流れるアルミテープやネジなどを使うと、はんだごてがなくても電気配線ができる

CHAPTER

より自由な表現の実践

CHAPTER

より自由な表現の実践

ここでは、micro:bitを使ったより高度で実践的な例を紹介します。

ブロックとJavaScriptを併用したプログラミングと、基本ボックスなどの基本的な工作ができたら、PCを使った具体例を通してより自由な表現方法に触れていきます。

❶ micro:bit + Processingの連携

ProcessingはPCベースのプログラミング環境です。WindowsやmacOS、Linuxで動くソフトウェアを作ることができます。Processingもまた教育用に開発されたもので、フリーで入手できます。ここではProcessingで描いた図形をキーボードでインタラクティブに動かす例と、micro:bitとシリアル通信でつなぎキーボードを使わずに動かす例を紹介します。

☐ 連携の準備をする

● ①Processingを入手してインストールする

「Processing」で検索し、ダウンロードページにアクセスします。

https://processing.org/download/

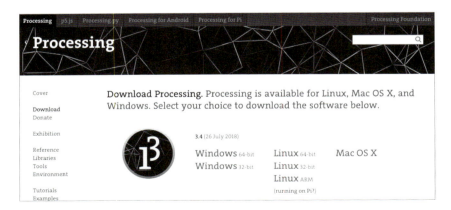

Windowsの場合は、ダウンロードしたら「すべて展開」してください。macOSの場合も、自動的に展開されないときはzipファイルをダブルクリックして展開してください。

● ②Processingを起動する

Processingのアイコンをダブルクリックすると起動します。最初の1回だけ「Sketchbook folder disappeared」というウィンドウが現れます。これはProcessingのプログラムを保存するフォルダを作成するためのもので、通常はWindowsならドキュメントフォルダ、macOSなら書類フォルダに「Processing」という名前のフォルダが作成されます。「OK」ボタンを押して進んでください。

Windowsの場合

macOSの場合

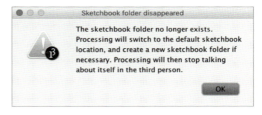

Processingが起動すると、右のような画面になります。ここにプログラムを書いていくのですが、今回はmicro:bitと「シリアル通信」でつながるサンプルを用意しました。

9 ── より自由な表現の実践

155

● ③Processingのサンプルデータを入手する

　Processingのサンプルは、GitHubからダウンロードしてください。

https://github.com/mathrax-m/microbit

　ダウンロードするには「Clone or download」から「Download ZIP」ボタンをクリックします。

● ④Processingのプログラムの文字化けを直す

　サンプルプログラムに日本語でコメントを書いている場合、文字化けすることがあります。メニューの「ファイル」>「設定」を開き、「エディタとコンソールのフォント」からMSゴシックなどの日本語表示ができるフォントを選んでください。

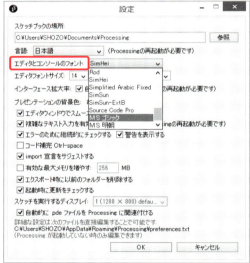

● ⑤micro:bitにプログラミングする

　micro:bitにもプログラミングをする必要があります。ここでは「シリアル通信　1行書き出す」を使って、「加速度（ミリG）X」「加速度（ミリG）X」「加速度（ミリG）X」を「,（コンマ）」で区切って書き出すプログラムを使います。このプログラムを micro:bitに書き込んでください。

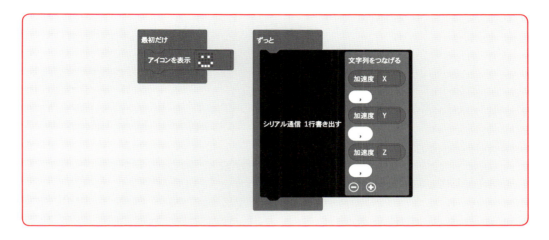

● ⑥PCとつなぐ

　上のプログラムを書き込んだmicro:bitをUSBケーブルでPCとつなぎます。

● ⑦Processingのサンプルを実行する

　Processingのウィンドウの左上にある「実行」ボタンを押すと、プログラムがスタートします。

すぐ隣の「停止」ボタンを押すと、プログラムが終了します。

最初にシリアルポートを選択する画面が現れますので、micro:bitに該当するものをクリックしてください。

Windowsの場合は「COM」に続く数字になります。数字の大きなものが、最近接続したデバイスです。

macOSの場合は「/dev/cu.usbmodemXXXX」と「/dev/tty.usbmodemXXXX」のように（XXXXは4桁の数字）2種類が表示されます。どちらでもmicro:bitにつながります。

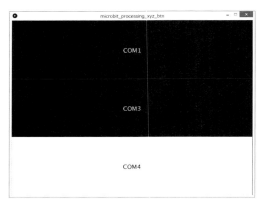

micro:bitがどれかわからないときは、いったんプログラムを終了させて、micro:bitとPCをつなぐUSBケーブルを抜き、もう一度プログラムをスタートさせて、シリアルポートの一覧を覚えておきます。再びプログラムを終了してから、micro:bitとPCをUSBケーブルでつなぎ、プログラムを再スタートしてみましょう。すると、先ほどまでシリアルポートの一覧になかったものが現れます。それがmicro:bitです。

micro:bitと通信できると、画面が変わります。加速度センサのXとYで、micro:bitのマーク（角丸四角が1つと小さな円が2つ）を描画しながら画面のヨコ・タテに移動します。加速度センサZではマークを回転させ、大きさも変えています。

□ Processingとの連携プログラムのポイント

micro:bitとProcessingのプログラムは連携してはじめて動きます。シリアル通信におけるプログラムのポイントを紹介します。

● ①micro:bitから送られた信号を受け取る

micro:bitは「シリアル通信 文字列を書き出す」ブロックによって、micro:bitからProcessingへ信号を送信する役割を担います。これに対して、Processingでは信号を受信する役割を担います。ほかに異なるパターンとして、Processingが送信しmicro:bitが受信することも、またお互いに送受信の両方を担当することも考えられます。ここではシンプルに「micro:bitが送信し、Processingが受信する」と1方向に絞って役割を切り分けて、プログラムを追っていきます。micro:bit側から見れば「送信」と呼び、Processing側から見れば「受信」と呼びますが、同じ情報を扱うことになります。

```
42
43  //データが送られてきたとき
44  void serialEvent (Serial p) {
45    //文字列の改行まで読み取る
46    String stringData=p.readStringUntil(10);
47
48    if (stringData!=null) {
49      //受け取った文字列にある先頭と末尾の空白を取り除き、データだけにする
50      stringData=trim(stringData);
51
52      //「,」で区切られたデータ部分を分離してbufferに格納する
53      int buffer[] = int(split(stringData, ','));
54
55      //bufferのデータをstoreData関数に送る(store_dataタブ内)
56      storeData(buffer);
57    }
58  }
```

micro:bitからの信号を受信し、Processingの変数に格納するプログラムは、「serial」タブの下の方にあります。Processingの変数に格納するプログラムの本体は「store_data」タブにまとめてあります。まずは「serial」タブを見ていきましょう。

```
// データが送られてきたとき
void serialEvent (Serial p){
    // 文字列の改行まで読み取る
    String stringData=p.readStringUntil(10);
    if (stringData!=null){
        // 受け取った文字列にある先頭と末尾の空白を取り除き、データだけにする
        stringData=trim(stringData);
        //「 , 」で区切られたデータ部分を分離してbufferに格納する
        int buffer[] = int(split(stringData, ','));
        //bufferのデータをstoreData関数に送る（store_data タブ内）
        storeData(buffer);
    }
}
```

micro:bitから信号が送られてくると、Processingでは「serialEvent」が発生します。まず「文字コード 10」を受信するまでデータを読み取り、文字列「stringData」に格納します。micro:bitの「シリアル通信 1行書き出す」では、指定した文字以外に「改行」が自動的に付きます。改行は「文字コード13」「文字コード10」で表現されますので、最後の「文字コード10」を受信するまでデータを読み取ることになります。

```
// 文字列の改行まで読み取る
String stringData=p.readStringUntil(10);
```

次に受け取った文字列「stringData」が空っぽでなければ、空白を除去します。文字列には必ず「文字コード0」の文字が「文字列の終わり」を示すために入っています。それを除去するプログラムです。

```
// 受け取った文字列にある先頭と末尾の空白を取り除き、データだけにする
stringData=trim(stringData);
```

ここまででProcessingのなかでは、受け取ったデータが「100，200，300」のような数字と「,（コンマ）」だけの文字列に整えられました。さらにこの文字列を「,」で分離し（split）、整数化したものを「buffer」配列に格納しています。

```
//「 , 」で区切られたデータ部分を分離してbufferに格納する
int buffer[] = int(split(stringData, ','));
```

storeData関数に**buffer**をまるごと送ります。このあと「**store_data**」タブにある**storeData**本体を見ながらなにをしているのか解説します。

```
//bufferのデータをstoreData関数に送る（store_dataタブ内）
storeData(buffer);
```

● ②受け取ったデータが揃ったらProcessingの配列に格納する

　micro:bitからは1回のシリアル通信で、加速度X, Y, Zの3種類のデータを送信していました。Processing側ではこれらを受信して整えられたデータ（**buffer**配列）を、さらにデータの個数が3つ揃ったなら、実際に座標処理などに使っている「**microbitData**」配列に格納します。

```
Ch09_1_1   serial   store_data   sub  ▼
1  //microbitからのデータを格納する
2  int[] microbitData = new int[3];
3
4  //送られてきたデータをチェックし、microbitDataに格納する
5  void storeData(int[] buff) {
6    //bufferのデータが3個揃ったなら、
7    if (buff.length>=3) {
8      //microbitDataに格納する
9      microbitData[0] = buff[0];
10     microbitData[1] = buff[1];
11     microbitData[2] = buff[2];
12
13   }
14 }
15
16
17
```

```
// 送られてきたデータをチェックし、microbitDataに格納する
void storeData(int[] buff){
    //buffのデータが3つ揃ったなら、
    if (buff.length>= 3){
        //microbitDataに格納する
        microbitData[0] = buff[0];
        microbitData[1] = buff[1];
        microbitData[2] = buff[2];
    }
}
```

● ③データをProcessingで使う

　まずはシンプルに使う例を示します。「serial_microbit_v1」タブの「drawMain」関数にプログラムを見ていきます。

　Processingで画面描画を行う基本的な「draw」関数は「sub」タブにありますが、今回はシリアルポートを選択する画面表示を切り替えるために使っており、「draw」関数は複雑になってしまいました。そこで「drawMain」関数を用意して、「draw」関数のなかで呼び出すことにしました。基本的な「draw」関数の代わりと考えてください。

```
//micro:bitのデータを使ったプログラム
void drawMain(){
    //背景を白色に塗りつぶす
    background(255, 255, 255);

    //microbitDataを、0.0〜1.0に整える
    float x = map(microbitData[0], -1024, 1023, 0, 1);
    float y = map(microbitData[1], -1024, 1023, 0, 1);
    float z = map(microbitData[2], -1024, 1023, 0, 1);

    pushMatrix();                      //座標を変換
    translate(x*800, y*600);           //xで0〜800、yで0〜600に移動
    rotate(radians(z*360));            //zで0〜360°回転
    scale(1.0+z*4.0);                  //zで1.0〜5.0倍

    //塗りの色をランダムに変える
    tint(random(255), random(255), random(255), 100);
    imageMode(CENTER);                 //画像の原点を中心にする
    image(mb, 0, 0);                   //画像を描画する

    popMatrix();                       //座標の変換おわり
}
```

「microbitData」に格納したデータは、micro:bitの加速度センサの情報です。micro:bitのプログラムでは、加速度の計測範囲を指定していないのでデフォルトで１Gを計測します。つまり数値の範囲は－1024〜1023となります。この数値を0.0〜1.0に整えるため、Processingの「map」関数を使います。

map（もとの数，もとの下限，もとの上限，結果の下限，結果の上限）；

```
//microbitDataを、0.0〜1.0に整える
float x = map(microbitData[0], -1024, 1023, 0, 1);
float y = map(microbitData[1], -1024, 1023, 0, 1);
float z = map(microbitData[2], -1024, 1023, 0, 1);
```

次にmicro:bitのマークを描くプログラムを書きます。整えた変数x, yでマークを描く位置を、変数zでマークの角度と大きさを変化させてみました。

Processingではp u s h M a t r i x ( )とp o p M a t r i x ( )のなかに画像を表示しています。pushMatrix()で画面に描画する前の座標と回転と大きさを変更するモードに入ります。そのあとtranslateで原点を移動させ、rotateでその点を中心に回転、さらにscaleで原点を基準に拡大します。その基準点でmicro:bitマークの図形を作ります。そしてpopMatrix()で座標をもとに戻し、実際に画面に描画します。こうすることで、常に原点を(0,0)として描画することができます。

また、変数x, y, zは0.0〜1.0まで変化するように整えましたが、これを使って好きな範囲の変化に対応します。x*800、y*600、z*360と掛け算をすれば、０〜800、０〜600、０〜360の範囲を計算できます。さらに足し算と組み合わせて1.0+z*4.0とすれば、1.0〜5.0の範囲を計算できます。

```
pushMatrix();                              //座標を変換
translate(x*800, y*600);                   //xで0〜800、yで0〜600に移動
rotate(radians(z*360));                    //zで0〜360°回転
scale(1.0+z*4.0);                          //zで1.0〜5.0倍

//塗りの色をランダムに変える
tint(random(255), random(255), random(255), 100);
imageMode(CENTER);                         //画像の原点を中心にする
image(mb, 0, 0);                           //画像を描画する

popMatrix();                               //座標の変換おわり
```

「tint」は画像の塗り色を決めます。指定する4つの数値は、（赤，緑，青，透明度）となり、いずれも0～255の範囲です。tintのあとに描く画像の色に影響します。「random(255)」は0～255までのランダム値を生成します。

「imageMode(CENTER)」は画像の基準点を中央にします。標準では「imageMode(CORNER)」となっており画像の左上が基準点になります。

「image(mb,0,0)」では画像「mb」をX:0,Y:0の位置に描画します。この前にpushMatrixでtranslateして原点の座標が移動しているので、その原点に画像を描画することになります。

● 画像の基準点

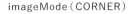

imageMode(CORNER)　　　imageMode(CENTER)

応用　Processingで残像効果を付ける

ここまでで、シリアル通信を使ったmicro:bitとProcessingの基本的な連携はできました。しかし、画像が1つ動くだけで寂しい気もします。そこで1つの方法として、Processingからアプローチして画面に残像効果を付けてみます。

「drawMain」関数のなかを見てください。「background(255, 255, 255)」では、背景を不透明な白で塗り潰していました。ここを「半透明な白で全面に四角を描く」プログラムに変更すると、描画されたmicro:bitマーク画像は完全に塗り潰されずに透けて残り、塗り重ねられるにつれて徐々に消えていくように見えます。

変更前

```
//背景を白色に塗り潰す
background(255, 255, 255);
```

変更後

```
//残像効果を出す----------------------------
//透明度「5」の白い四角を全面に描く
noStroke();              //線はナシ
fill(255,255,255,5);     //塗り色を白（赤：255，緑：255，青：255，透明度：5）に
rect(0, 0, 800, 600);    //四角を画面全体に描く
```

応用　micro:bitからより複雑なデータを送信する

　先ほどのプログラムでは、micro:bitから加速度XYZのデータを送信し、Processingでそのデータを使って画像を描く例を紹介しました。

　ここでは、micro:bitから送るデータの種類と個数を変えて、Processingで受信するプログラムを解説します。micro:bitには加速度センサ、ボタンのほかにも、光や温度のセンサもありますので、作りたいものによってはデータの個数や種類が変わることがあります。そのようなときにも参考にしてください。

● ①micro:bit のプログラム（応用編）

　ここでは、加速度XYZの3つに加え、「ボタンAが押されている」「ボタンBが押されている」の計5つのデータを送ります。

　ここで注意するのは「ボタンAが押されている」「ボタンBが押されている」のブロックは数値ではないことです。このままではシリアル通信することができません。そこで、「ボタンA」「ボタンB」それぞれに「変数」を作り、ボタンが押されているとその変数が1、押してないときに0になるようにプログラムを作ります。変数を使えば「ボタンAが押されている」「ボタンBが押されている」を数値化できるので、シリアル通信で書き出すことができます。

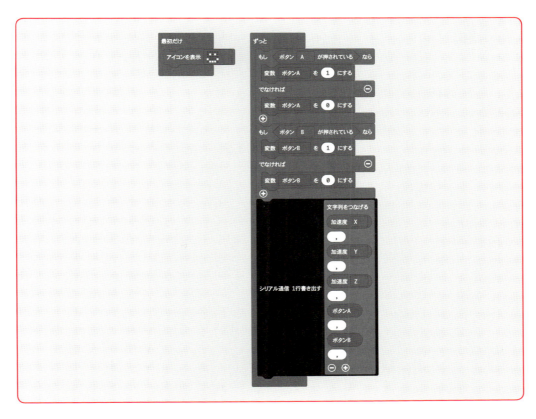

● ② Processing のプログラム（応用編）

データの個数が増えたので、Processing側も調整する必要があります。加速度XYZは先ほどのサンプルプログラムと同じように、画像を移動・回転・拡大します。追加機能として、ボタンAを押したら画面をクリアし、ボタンBを押したら背景色が変わるようにしてみました。データを5つ受信するので、「store_data」タブのプログラムもデータを5つ格納できるように少し変更します。

```
//microbitからのデータを格納する
int[] microbitData = new int[5];

//送られてきたデータをチェックし、microbitDataに格納する
void storeData(int[] buff) {
  //bufferのデータが5個揃ったなら、
  if (buff.length>=5) {
    //microbitDataに格納する
    microbitData[0] = buff[0];
    microbitData[1] = buff[1];
    microbitData[2] = buff[2];
    microbitData[3] = buff[3];
    microbitData[4] = buff[4];
  }
}
```

```
//microbitからのデータを格納する
int[] microbitData = new int[5];


// 送られてきたデータをチェックし、microbitDataに格納する
void storeData(int[] buff){
    //buffのデータが5つ揃ったなら、
    if (buff.length>= 5){
        //microbitDataに格納する
        microbitData[0] = buff[0];
        microbitData[1] = buff[1];
        microbitData[2] = buff[2];
        microbitData[3] = buff[3];
        microbitData[4] = buff[4];
    }
}
```

まず「store_data」タブのなかを見てください。micro:bitから送られてくるデータが5つあるので、格納する配列「microbitData」も5つ用意します。

```
int[] microbitData = new int[5];
```

次に「storeData」関数内のデータの個数をチェックするifの条件を「buff.length>= 5」にします。 そして配列「microbitData」に格納する際、microbitData[3]にbuff[3]、microbitData[4]にbuff[4]を格納します。

```
//buffのデータが5つ揃ったなら、
if (buff.length>= 5){
    //microbitDataに格納する
    microbitData[0] = buff[0];
    microbitData[1] = buff[1];
    microbitData[2] = buff[2];
    microbitData[3] = buff[3];
    microbitData[4] = buff[4];
}
```

これで micro:bit から送信される5種類のデータを、Processingの配列「microbitData」に格納することができました。ここからProcessingで、「microbitData」を使った機能をプログラムします。「drawMain」関数のなかを変更します。

```
19  //micro:bitのデータを使ったプログラム
20  void drawMain() {
21
22    //microbitDataを、0.0～1.0に整える
23    float x = map(microbitData[0], -1024, 1023, 0, 1);
24    float y = map(microbitData[1], -1024, 1023, 0, 1);
25    float z = map(microbitData[2], -1024, 1023, 0, 1);
26    float a = microbitData[3];   //ボタンA
27    float b = microbitData[4];   //ボタンB
28
29    // ボタンAが押されたら、黒い背景色で残像効果を出す
30    if (a==1) {
31      noStroke();              //線はナシ
32      fill(0, 0, 0, 5);        //塗り色を黒（赤:0,緑:0,青:0,透明度:5）に
33      rect(0, 0, 800, 600);    //四角を画面全体に描く
34    }
35    // ボタンBが押されたら、白い背景色で残像効果を出す
36    if (b==1) {
37      noStroke();              //線はナシ
38      fill(255, 255, 255, 5);  //塗り色を白（赤:255,緑:255,青:255,透明度*5）に
39      rect(0, 0, 800, 600);    //四角を画面全体に描く
```

167

では「drawMain」関数のなかを変更し、実際に画面に反映するようにプログラムします。

・加速度XYZで画像を移動・回転・拡大する
・ボタンAを押すと黒い背景色で残像効果
・ボタンBを押すと白い背景色で残像効果

ボタンを押さないと、
画像は残り続ける。

ボタンAを押すと、
黒い背景色で残像効果となる。

ボタンAを押すと、
白い背景色で残像効果となる。

「drawMain」関数では、変数「a」「b」を作り、変数「a」にはボタンAのデータ、変数「b」にはボタンBのデータを入れています。「ボタンが押されているかどうか」は、micro:bitで0か1に変わるようにプログラムしましたので、変数「a」「b」ともに、ボタンが押されていないときに0、押されているときに1となります。ですので、map関数は使っていません。

そののち、ifを使った条件分岐で「a」「b」を押したときのプログラムを書いています。

```
//micro:bitのデータを使ったプログラム
void drawMain(){
    //microbitDataを、0.0～1.0に整える
    float x = map(microbitData[0], -1024, 1023, 0, 1);
    float y = map(microbitData[1], -1024, 1023, 0, 1);
    float z = map(microbitData[2], -1024, 1023, 0, 1);
    float a = microbitData[3];   //変数「a」を作り、ボタンAのデータを格納する
    float b = microbitData[4];   //変数「b」を作り、ボタンBのデータを格納する

    // ボタンAが押されたら、黒い背景色で残像効果を出す
    if (a==1){
        noStroke();             //線はナシ
        fill(0, 0, 0, 5);       //塗り色を黒（赤:0,緑:0,青:0,透明度:5）に
        rect(0, 0, 800, 600);   //四角を画面全体に描く
    }
```

168

```
    // ボタンBが押されたら、白い背景色で残像効果を出す
    if (b==1){
        noStroke();              //線はナシ
        fill(255, 255, 255, 5); //塗り色を白（赤：255,緑：255,青：255,透明度：5）に
        rect(0, 0, 800, 600);   //四角を画面全体に描く
    }

    pushMatrix();               //座標を変換
    translate(x*800, y*600);   //xで0～800、yで0～600に移動
    rotate(radians(z*360));    //zで0～360°回転
    scale(1.0+z*4.0);          //zで1.0～5.0倍
    //塗りの色をランダムに変える
    tint(random(255), random(255), random(255), 100);
    imageMode(CENTER);          //画像の原点を中心にする
    image(mb, 0, 0);           //画像を描画する
    popMatrix();                //座標の変換おわり

}
```

変数「a」「b」にボタンAとボタンBのデータを入れます。

```
    float a = microbitData[3];  //変数「a」を作り、ボタンAのデータを格納する
    float b = microbitData[4];  //変数「b」を作り、ボタンBのデータを格納する
```

ifの条件で「ボタンAが押されたか」をチェックし、押されていたら線はナシ・透明度5の黒い四角形で塗りつぶします。これで黒い背景色での残像効果となります。

```
    // ボタンAが押されたら、黒い背景色で残像効果を出す
    if (a==1){
        noStroke();             //線はナシ
        fill(0, 0, 0, 5);       //塗り色を白（赤：0,緑：0,青：0,透明度：5）に
        rect(0, 0, 800, 600);   //四角を画面全体に描く；
    }
```

同様に、ifの条件で「ボタンBが押されたか」をチェックし、押されていたら線はナシ・透明度5の白い四角形で塗り潰します。ボタンAのときとは、fillのなかの数値が変わっています。これで白い背景色での残像効果となります。

```
// ボタンBが押されたら、白い背景色で残像効果を出す
if (b==1){
    noStroke();                    //線はナシ
    fill(255, 255, 255, 5);  //塗り色を白（赤：255，緑：255，青：255，透明度：5）に
    rect(0, 0, 800, 600);    //四角を画面全体に描く
}
```

応用　Processingでなめらかに動かす

　Processingの「draw」関数は、画面を1秒間に60回もの速さで実行し、画面を書き換えて更新しています。「drawMain」関数もまた「draw」関数のなかにあるので、同じ速さで実行されています。それほど速ければ、もっとなめらかに動くはずですが、ここまでの例ではそうでもありませんでした。

　それは、micro:bitから送られてくるセンサのデータをそのまま座標や回転や拡大縮小に使っていたからです。たとえば座標の場合は、受け取ったデータの位置に瞬間移動していることになり、データの影響をまともに受けていました。加速度センサをゆっくり動かせばなめらかですが、速く動かせばカクカクと描画され、常に「なめらか」ではなかったのです。そこで1つの方法として、Processingでセンサのデータの平均値を求め、描画をなめらかにする方法を紹介します。

平均する計算

　今回平均したい数は、micro:bitから送られてくるセンサのデータです。まず例として3つのデータの平均を求める方法を考えてみます。「3つのデータをすべて足し、3で割る」と平均値が求められます。

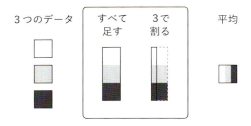

　しかし新しいデータは1回ずつ送られてくるので、平均を求めるには3つのデータが揃うまで待つことになり、「なめらか」とは逆効果となります。ここで、1つのデータですぐに平均を求めることができる「移動平均」という手法を紹介します。

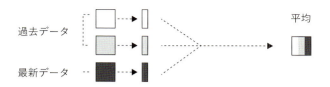

　今回の3つのデータを、1つの「最新データ」とその他の「過去データ」と考えると、平均値の1/3が最新データで、2/3が過去データと考えることができます。

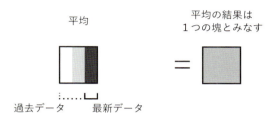

　さらに平均された結果だけに注目すると、過去データが「2/3」、最新データが「1/3」だけ影響したことになっています。データ個数をN個と考えると、過去データが「(N-1)/N」、最新データが「1/N」だけ影響していることになります。

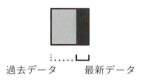

　次に「最新データ」が送られてくると、先ほど計算して記憶しておいた平均値を「過去データ」とみなすことができます。これを繰り返すことで、1個の「最新データ」ですぐに平均値を計算することができます。

移動平均の計算
新しい平均値　＝　さっきまでの平均値*((1-N)/N)＋最新データ*(1/N)

● Processingのプログラム

　まず、平均値を扱うために変数を用意します。この変数は「drawMain」関数で計算を行いますが、関数を抜けても計算結果を覚えておく必要がありますので、プログラムのどこの場所からでも利用できる「グローバル変数」とします。また変数は浮動小数型にすると、平均値の精度があがります。そこで、すべての関数の外で定義するとグローバル変数にできるので、プログラムの最初に「float ave_x」「float ave_y」「float ave_z」と定義しました。

```
Ch09_1_3    serial    store_data    sub  ▼
1   //Ch09_1_3
2   //  micro:bit+Processing
3   //  -- micro:bit加速度XYZ --
4   //  -- 平均して滑らかにする --
5
6   float ave_x;   //浮動小数型の変数「ave_x」を用意する
7   float ave_y;   //浮動小数型の変数「ave_y」を用意する
8   float ave_z;   //浮動小数型の変数「ave_z」を用意する
9
10  PImage mb;
11
12  void setup() {
13    //画面サイズを800x600にする
14    size(800, 600);
15
16    //microbitマークの画像を読み込み
17    mb = loadImage("microbit.png");
```

```
float ave_x;      //浮動小数型の変数「ave_x」を用意する
float ave_y;      //浮動小数型の変数「ave_y」を用意する
float ave_z;      //浮動小数型の変数「ave_z」を用意する
```

次に「drawMain」関数のなかに移ります。「最新データ」として扱うのは、micro:bitから送られたデータを「map」関数で0.0〜1.0に整えた「x」「y」「z」の値とします。「過去データ」として扱うのは、平均結果を入れる「ave_x」「ave_y」「ave_z」の値とします。このうちまず「x」「ave_x」だけを見ていきましょう。

```
Ch09_1_3    serial    store_data    sub  ▼
24  //micro:bitのデータを使ったプログラム
25  void drawMain() {
26    background(255,255,255);
27
28    //microbitDataを、0.0〜1.0に整える
29    float x = map(microbitData[0], -1024, 1023, 0, 1);   //加速度Xの情報を0.0〜1.0整える
30    float y = map(microbitData[1], -1024, 1023, 0, 1);   //加速度Yの情報を0.0〜1.0整える
31    float z = map(microbitData[2], -1024, 1023, 0, 1);   //加速度Zの情報を0.0〜1.0整える
32
33    ave_x = ave_x*(9.0/10.0)+x*(1.0/10.0);
34    ave_y = ave_y*(9.0/10.0)+y*(1.0/10.0);
35    ave_z = ave_z*(9.0/10.0)+z*(1.0/10.0);
36
37    pushMatrix();                       //座標を変換
38    translate(ave_x*800, ave_y*600);    //ave_xで0〜800、ave_yで0〜600に移動
39    rotate(radians(ave_z*360));         //ave_zで0〜360°回転
40    scale(1.0+ave_z*4.0);               //ave_zで1.0〜5.0倍
41
42    //塗りの色をランダムに変える
43    tint(random(255), random(255), random(255), 100);
44    imageMode(CENTER);                  //画像の原点を中心にする
45    image(mb, 0, 0);                    //画像を描画する
46
47    popMatrix();                        //座標の変換おわり
48  }
```

最新のデータ「x」

```
float x = map(microbitData[0], -1024, 1023, 0, 1);
//加速度Xの情報を0.0～1.0に整える
```

平均の計算「ave_x」

```
ave_x = ave_x*(2.0/3.0)+x*(1.0/3.0);        //3回分の平均を求める
```

このとき注意するのは、小数点以下が切り捨てられないように計算できることです。以下のように書くと、うまくいきませんでした。

```
ave_x = ave_x*(2/3)+x*(1/3);
```

同様に「ave_y」「ave_z」も計算し、平均した「ave_x」「ave_y」「ave_z」を使って、「pushMatrix();」以下にある移動・回転・拡大を書き換えます。

```
pushMatrix();                          //座標を変換
translate(ave_x*800, ave_y*600);       //ave_xで0～800、ave_yで0～600に移動
rotate(radians(ave_z*360));            //ave_zで0～360°回転
scale(1.0+ave_z*4.0);                  //ave_zで1.0～5.0倍


//塗りの色をランダムに変える
tint(random(255), random(255), random(255), 100);
imageMode(CENTER);                     //画像の原点を中心にする
image(mb, 0, 0);                       //画像を描画する


popMatrix();                           //座標の変換おわり
```

micro:bit・Processingを連携させる手順はこれまでと同様です。

① **micro:bitとPCをUSBケーブルでつなぐ**
② **Processingのプログラムを実行し、シリアルポートを選ぶ**
③ **micro:bitを傾けると画面が変化する**

もっとなめらかにしたい場合は、平均するデータの個数を増やします。

変更前　3回平均

```
ave_x = ave_x*(2.0/3.0)+x*(1.0/3.0);
ave_y = ave_y*(2.0/3.0)+y*(1.0/3.0);
ave_z = ave_z*(2.0/3.0)+z*(1.0/3.0);
```

変更後　10回平均

```
ave_x = ave_x*(9.0/10.0)+x*(1.0/10.0);
ave_y = ave_y*(9.0/10.0)+y*(1.0/10.0);
ave_z = ave_z*(9.0/10.0)+z*(1.0/10.0);
```

　スクリーンショットの静止画ではわかりにくいですが、実際にmicro:bitのセンサで操作してみると、なめらかさが体感できると思います。

 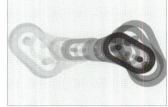 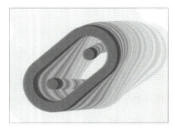

平均なし　　　　　　　　　　　3個のデータで平均　　　　　　　　　10個のデータで平均

□ まとめ

　micro:bitとProcessingをシリアル通信でつなぐと、PCを使った表現が可能になります。プロジェクタにつなげば、さらにダイナミックな表現にもできます。今回はProcessingを画像の描画のみに使いましたが、テキストを表示したり、音を鳴らしたり、インターネットにつないだりと、Processingにはまだまだいろいろな機能があります。ぜひ、調べてみてください。

　今回はmicro:bitからのアプローチと、Processingからのアプローチで、応用例を紹介しました。しかし、これらはほんの1つの例に過ぎません。同じことをするにも、逆のアプローチも可能かもしれません。プログラムには人間の思考が反映されます。「この方法でもできるんじゃないか？」と思えば、やってみる価値は十分にあります。トライしてみましょう。

❷ micro:bit + Processing + SonicPiの連携

　ここでやりたいことは、「micro:bitを使ってセンサで音楽を奏でること」です。micro:bitにも「音楽」ブロックがありますが、音が少し単調で、ピアノのような音、ギターのような音などは出せません。そこで音楽を作ることができるオープンソースのソフト **SonicPi** を使って、micro:bitのセンサでPCから音楽を奏でることにしました。

　ただし、SonicPiは「シリアル通信」ができないので、そのままmicro:bitと連携することができません。そこで、「Processingがシリアル通信し、さらにSonicPiへそのデータを送る。SonicPiではデータを受けて音を奏でる」という仕組みにしました。

　こういった異なるソフト間でのデータのやりとりに便利なのが、**Open Sound Control**（以下 **OSC**）という通信方法です。micro:bitと2つのソフトの連携を図に示すと以下のようになります。

　すぐにでもmicro:bitのプログラムを取り上げたいところですが、まずProcessingとSonicPiを使ってどのように音を奏でるのか、「OSC」とはなんなのか、その仕組みを解説します。プログラムとはいわば「数」を自在に操る手段です。ということは、「数」で音を奏でることができれば、micro:bitで得られるセンサの数値を音にできることになります。

● OSCとは

　OSCは、もともと音楽のためのデータをシンセサイザーやコンピュータとやりとりするために、カリフォルニア大学バークレー校にあるCNMAT（The Center for New Music and Audio Technologies）で開発されました。特徴としては、インターネットで用いられる通信技術を使っているため、離れた場所とのデータのやりとりや、異なるソフト同士でもOSCを仲介してデータをやりとりできることです。今ではその手軽で便利な特徴から、音楽のためだけではなく、なんらかのパラメータをやりとりするインタラクティブ・コンテンツの裏側で使われることも少なくありません。

　本書では、同一のPCのなかの異なるソフト間の通信に焦点を当てて、ProcessingとSonicPiを連携する方法を紹介します。

□ 連携の準備をする

● ① Processing「oscP5」ライブラリの インストール

Processingのメニューの「スケッチ」>「ライブラリをインポート」>「ライブラリを追加」を選びます。

「Contribution Manager」ウィンドウが開きます。左上の「Filter」欄に「osc」と入力し、「oscP5」ライブラリを見つけ、「install」ボタンでインストールします。この時、インターネット接続が必要です。インストールが完了したら、「Contribution Manager」ウィンドウを閉じてください。

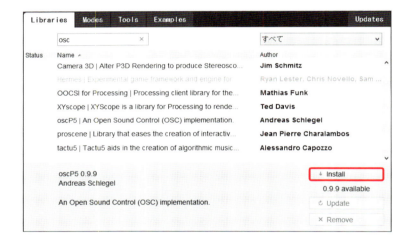

● ②「SonicPi」の入手とインストール

https://sonic-pi.net/にアクセスし、自分のOSに合うものをダウンロードしてください。SonicPiのバージョン3.0以降でOSCに対応しています。

176

Windowsの場合

Windowsの場合は、インストール不要の「Portable」版と、インストールが必要な「Installer」版があります。どちらでもよいですが、管理者権限がない場合は「Portable」版がよいでしょう。

macOSの場合

macOSの場合は1種類のみです。

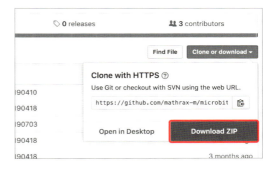

● ③ Processing + SonicPiの
　　サンプルデータを入手する

Processing、SonicPi、micro:bitのサンプルプログラムは、GitHubからダウンロードしてください。

https://github.com/mathrax-m/microbit

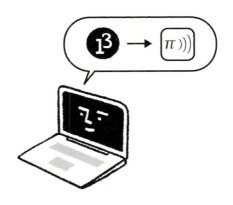

□ 連携の準備をする

● ProcessingとSonicPiをOSCで連携する

では実際にProcessingとSonicPiをOSCで連携します。ここではOSCの通信についてシンプルに解説したいので、まだmicro:bitは使わないことにして、micro:bitで操作する代わりにキーボードを押して操作することにします。まずはProcessingとSonicPiで音を鳴らしてから、OSCの基本ルールや設定などを解説していきます。

● ①SonicPiを起動する

　SonicPiを起動した画面です。左上にある「Load」ボタンをクリックして、ダウンロードしたサンプルを開いてください。

Sonic Pi

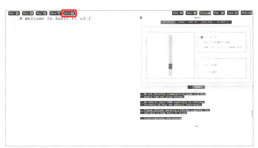

● ②SonicPiの「OSCサーバー」の有効を確認する

　SonicPiではOSC受信を有効・無効にできます。「Prefs」ボタンで「入出力」タブを開き、「OSCサーバーを有効にする」をチェックされていることを確認してください。なお、「OSCメッセージをリモートから受信する」は、同じネットワークにある別のPCからのOSC受信を有効・無効にしますが、今回は同一のPCからのOSCを受信するので関係ありません。チェックしても、チェックしなくてもよいです。

● ③SonicPiのサンプルを実行する

　SonicPiのサンプルを「Load」ボタンで読み込み、「Run」します。まだ音は鳴りませんが、これでSonicPiはOSC受信で音を鳴らす準備ができ、待機している状態になりました。

178

```
    live_loop :microbit do
        use_real_time
        x, = sync "/osc/fromP5"
        if(x!=nil)
            synth:beep, note:x
        end
    end
```

　先にSonicPiのプログラムの概要を説明しておくと、「x, = sync "/osc/fromP5"」で、ProcessingからOSCで送られる値が変数「x」に格納されます。「x,」となっているのはOSCで受けとったデータが配列になっているので、その1番目を選ぶ意味になります。xがnil（空っぽ）でなければ、「synth:beep, note:x」で、音色が「beep」で音の高さ（note）が「x」の音を鳴らします。ProcessingからOSCメッセージを送り、「x」を変化させることで音が鳴ります。

● ④Processingのサンプルを実行する

　次にProcessingの「ファイル」＞「開く」でサンプルを読み込み、ウィンドウの左上にある「実行」ボタンを押すと、プログラムがスタートします。OSCを処理していることがわかりやすいよう、画面の右下に「OSC」と表示しています。

　このサンプルはピアノの鍵盤のような画面になっています。この画面を一度クリックし、半角入力でキーボードの「z」「x」「c」「v」「b」「n」「m」「,」「s」「d」「g」「h」「j」を押してみてください。OSCがうまくいけば、SonicPiから楽器のような音が聞こえてくるはずです。

　うまく音がならない場合は、キーボード入力が日本語入力やCapsLockがオンになっていると可能性があります。それでもうまくいかない場合はProcessingのサンプルプログラムにキー入力が伝わっていない可能性がありますので、Processingのサンプルの実行画面をクリックして、再びキーボードを押してみてください。SonicPiの「Run」ボタンを押したかどうかも確認してください。

● ProcessingでOSCメッセージを
送信するプログラム

「Ch09_2_1」タブ内を見ていきます。

```
//キーボードでSonicPiへOSC送信
void keyPressed(){
  if (key=='z'){
    bright[0] = 1.0;
    sendOscSonicPi(72);         //SonicPiへOSC送信（oscタブ内）
  }
  … 省略 …
}
```

　PCのキーを押すとSonicPiへOSCメッセージを送信しますが、キーの検出は「keyPressed()」関数で行っています。「if (key == 'z')」で小文字の「z」キーを押したことを判別し、そのなかで「bright[0]=1.0」で鍵盤表示のための変数をセットしていますが、ここはProcessingの視覚効果のためでSonicPiには関係ありません。SonicPiに関係するのはその次の「sendOscSonicPi」関数で、カッコ内に「72」という数値を入れて実行しています。

　なお、「72」はMIDI（ミディ）の音階の数値です。MIDIとはシンセサイザーなどの電子楽器間で演奏データをやりとりする世界共通の規格で、プログラムで音を扱う際にはよく使われます。音の高さは0～127まであり、「72」は真ん中より少し上の「ド」を意味します。

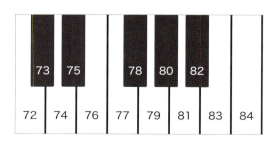

「sendOscSonicPi」関数の実体は「osc」
タブ内にあります。

```
//SonicPiへOSC送信する
void sendOscSonicPi(int nt){
  //OSCメッセージを作る
  OscMessage myMessage = new OscMessage("/fromP5");
  //このメッセージにntを追加する
  myMessage.add(nt);
  //OSCメッセージを、myRemoteLocation宛てに送る
  oscP5.send(myMessage, myRemoteLocation);
}
```

「sendOscSonicPi」関数は、「sendOscSonicPi(int nt)」となっていて、渡された変数はint型（整数型）の「nt」に格納されます。関数のなかではまず「OscMessage myMessage = new OscMessage("/fromP5")」として空のOSCフォーマットのメッセージを作成します。次に「myMessage.add(nt)」として、OSCメッセージに「myMessage」に渡された数値「nt」を追加します。これでデータの入ったOSCメッセージが作成されます。最後に「oscP5.send(myMessage, myRemoteLocation)」で、SonicPiへOSCメッセージを送信しています。「myRemoteLocation」の詳細についてはのちほど解説します。

● OSCメッセージを送受信するポイント

Processingのプログラム

```
OscMessage myMessage = new OscMessage("/fromP5");
```

SonicPiのプログラム

```
x, = sync "/osc/fromP5"
```

Processingで「new OscMessage("/fromP5")」としてOSCメッセージを作成し送信したものが、SonicPiでは「x, = sync "/osc/fromP5"」として受信されるところに注目してください。SonicPiには「"/osc"」がついていますが、それ以降の「/fromP5」を一致させることでProcessingから送られた値をSonicPiで受けとることができます。

● **OSCの基本ルール**

OSCについてもう少し触れておきます。もし早くmicro:bitと連携させたいという人は読み飛ばしていただいてかまいません。今回はわかりやすくProcessingとSonicPiを例にしていますが、OSC通信の基本ルールがわかると、本書の例以外でもOSC対応のソフト間で同じルールで通信ができます。

今回はProcessingからデータを送信しSonicPiでデータを受信しますが、逆にSonicPiからデータを送信しProcessingで受信することもできます。Processingから見ると送信だということは、SonicPiからみると受信になります。同様にSonicPiからの送信はProcessingでの受信となります。シリアル通信も同様で、通信するプログラムでは送信と受信で対になる点をまず頭に入れておいてください。

そしてOSCはネットワーク通信を基本とします。OSCメッセージは「送信」から「受信」へ流れます。川の流れのように1方向に流れていて、OSCメッセージに乗せられたデータは送信側から受信側へと流れます。

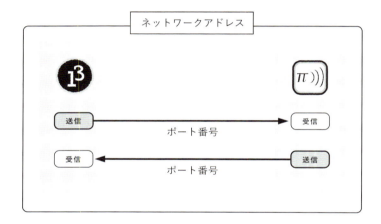

● **ネットワークアドレスとポート番号**

「ネットワーク」と聞くとPCが複数台必要なイメージがありますが、今回は1台のPCのなかでネットワークを作ります。このとき「ネットワークアドレス」は自分のPCになり、自分のPC宛に送信し、自分のPCで受信することになります。自分のPCは「localhost」またはIPアドレス表記の「127.0.0.1」でも指定できます。もちろん自分のPC以外でも同じネットワークにあるPCのアドレスがわかれば、別のPCを指定することもできます。

さらにアドレスに追加する「ポート番号」は、0～65535番までの数値が指定できますが、なんでもよいわけではありません。たとえばブラウザでWebページを見るときに使うHTTPアクセスは80番、Web制作などでサーバにデータをアップロードするFTPアクセスは21番、という具合に決められています。このなかで、大きな値のポート番号は一般的に使われていないことが多い

ので、今回のように自分でネットワーク通信を作る場合は、3000番台や4000番台、10000番台などを使うことが多いです。Wikipediaによると、49152～65535番が「自由に使用できるポート番号」とありますので、この範囲を使うとより安心でしょう。

種類	範囲	内容
WELL KNOWN PORT NUMBERS	0番 ～ 1023番	一般的なポート番号
REGISTERED PORT NUMBERS	1024番 ～ 49151番	登録済みポート番号
DYNAMIC AND/OR PRIVATE PORTS	49152番 ～ 65535番	自由に使用できるポート番号

https://ja.wikipedia.org/wiki/ポート_（コンピュータネットワーク）より引用

● **本書サンプルのProcessingとSonicPiのアドレスとポート番号**

　OSCの基本ルールとネットワークアドレスやポート番号について確認したところで、具体的に今回 ProcessingとSonicPiで設定する値について解説します。

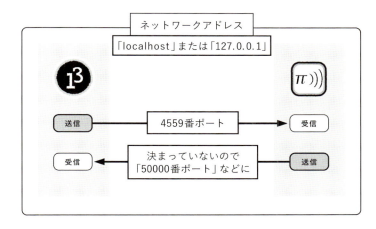

　基本的にOSCではアドレスやポート番号は自由に決められますが、今回はPC 1台の内部で通信しますので、アドレスは「localhost」またはIPアドレス表記の「127.0.0.1」とします。SonicPiがOSC受信するポート番号はSonicPi側で決められており「4559」番となります。Processingからは「localhostの4559番ポート」にデータを送信します。逆にSonicPiからデータを送信する場合は、アドレスは同じく「localhost」となり、ポート番号はとくに決まってないので、自分で決めます。今回はSonicPiからは送信しないので決めても使わないのですが、ProcessingでOSCを使う上で送信・受信の2つのポート番号が必要なため、決めなければなりません。そして「ポート番号」は 0～65535番までありますが「ネットワークアドレスとポート番号」で解説したように 0～1023番までは使われる可能性があるので、ここでは「50000」番としました。

● **ProcessingのOSC設定の
プログラム詳細**

OSC関連のプログラムは「osc」タブ内にまとめました。

```
//OSC通信を始める
void oscOpen(){
    //ProcessingのOSC受信ポート(今回はOSC受信しないがこのプログラムでは必要となる)
    oscP5 = new OscP5 (this, 50000);

    //ProcessingからOSC送信，SonicPiがOSC受信するポート
    //SonicPiの受信ポートは、4559と決まっている
    myRemoteLocation = new NetAddress("localhost", 4559);
}
```

「oscOpen」関数で、OSC通信に必要なネットワークアドレスとポート番号を指定し、OSC通信を開始できるようにしました。

```
//ProcessingのOSC受信ポート(今回はOSC受信しないがこのプログラムでは必要となる)
oscP5 = new OscP5 (this, 50000);
```

oscP5変数にOscP5オブジェクトを生成します。この時、Processing側のネットワークアドレスは「this」とすることでPCのアドレスが自動的に設定されます。ポート番号は、数値で「50000」を設定します。先ほど述べたように今回はOSCでProcessingからSonicPiへ送信するのみで、ProcessingではSonicPiからの信号は受けとらないので、50000ポートは使いません。しかしOscP5オブジェクトの生成に必要なパラメータのため、ポート番号を50000に指定しました。

```
//ProcessingからOSC送信，SonicPiがOSC受信するポート
//SonicPiの受信ポートは、4559と決まっている
myRemoteLocation = new NetAddress("localhost", 4559);
```

myRemoteLocation変数に、NetAddressオブジェクトを生成します。このときSonicPiに送信するネットワークアドレスとポート番号を指定します。ネットワークアドレスは同一PCなので「localhost」または「127.0.0.1」、ポート番号はSonicPiの「4559」となります。

● ここまでのまとめ

　OSCについて触れないわけにはいかず、micro:bitを使わないままに前置きが長くなってしまいました。ProcessingとSonicPiのサンプルですが、OSCの仕組みをイメージできればほかのソフト（UnityやPureDataなど）とも同様に連携できます。このあと、いよいよmicro:bitを使った説明に入ります。これまでPCのキーボードを押して音を奏でていた操作を、micro:bitを傾ける操作に置き換えます。

　今回の例では、まずmicro:bitとProcessingとSonicPiで音を奏でます。次に「表現の工夫」として、SonicPi、micro:bit、Processingのそれぞれの方面からのアプローチを紹介します。技術的な解説を目的としながら、徐々に作品として表現するための工夫へと移っていきます。

□ micro:bitとProcessingとSonicPiを連携する

　ProcessingとSonicPiでOSC通信し、音を奏でることができたところで、次にmicro:bitを連携させます。micro:bitとProcessingをシリアル通信でつなぎ、ProessingとSonicPiをOSCでつなぎます。Processingがシリアル通信とOSCの両方を担当し、micro:bitとSonicPiの間をつなぐ役割をします。

　SonicPiのプログラムは先ほどと同じものを使用します。Proessingのプログラムは見た目は同じでキーボードを押しても音が鳴りますが、シリアル通信の機能を加えてあります。

　micro:bitのプログラムでは、加速度Xのデータを送信します。micro:bitのセンサで音の高さを変えてみます。

● **micro:bitのプログラム**

　micro:bitのプログラムは、シリアル通信で、「加速度X」だけを書き出すプログラムです。センサの数を増やすこともできますが、まずはシンプルにセンサを1つにしました。micro:bitとPCをUSBケーブルでつないだら、micro:bitにプログラムを書き込んでください。

● **micro:bitをPCとつなぐ**

　Processingがシリアル通信をし、同一PCのSonicPiにOSCメッセージを送信しますので、これからSonicPiとProcessingのプログラムを実行するPCに、USBケーブルでmicro:bitをつなぎます。

● **SonicPiのサンプルを実行する**

　SonicPiの「Load」ボタンでサンプルを読み込みます。「Prefs」ボタンで「入出力」タブを開き、「OSCサーバーを有効にする」がチェックされていることを確認したら、「Run」ボタンを押して実行してください。先ほどと同じく、この時点では音は鳴らず、OSCメッセージを受信したときに音が鳴ります。なおSonicPiのプログラムは、ProcessingとSonicPiだけで連携したサンプルとまったく同じです。

● **Processingのサンプルを実行する**

　Processingでサンプルを開き、ウィンドウの左上にある「実行」ボタンを押し、プログラムをスタートします。

すると micro:bit がつながった「シリアルポート」を選択する画面が現れます。マウスでクリックして選択してください。

Windowsの場合

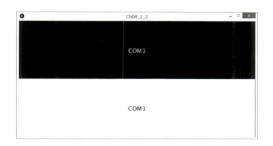

macOSの場合

先ほどのサンプルと同じ鍵盤の画面に切り替わります。シリアル通信とOSCを行うことをわかりやすくするため、右下に「Serial+OSC」と表示しています。

うまく連携できていれば、micro:bitの傾きに応じて鍵盤が勝手に反応し、SonicPiから音が鳴るはずです。

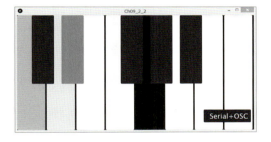

● Processingのプログラムのポイント

このプログラムのポイントは、シリアル通信とOSC通信の両方を行うことです。そのためにサンプルにはいくつかのタブに必要な機能をまとめています。

このなかでポイントとなる「store_data」タブ、「Ch09_2_2」タブの「setup」関数と「drawMain」関数を解説します。

「store_data」タブ内では、micro:bitから送られてくるデータの数が1つでしたので、データを1つ受け取ったら配列「microbitData」に格納するようにします。

```
//microbitからのデータを格納する
int[] microbitData = new int[1];

//送られてきたデータをチェックし、microbitDataに格納する
void storeData(int[] buff){
    //bufferのデータを1つ受け取ったなら、
    if (buff.length>= 1){
        //microbitDataに格納する
        microbitData[0] = buff[0];
    }
}
```

micro:bitから送られるデータが1つなので、配列「microbitData」も1つ用意します。

```
int[] microbitData = new int[1];
```

bufferのデータ個数が1になったら、配列「microbitData[0]」に格納します。

```
//bufferのデータを1つ受け取ったなら、
if (buff.length>= 1){
    //microbitDataに格納する
    microbitData[0] = buff[0];
}
```

次に「Ch09_2_2」タブ内の「setup」関数、「drawMain」関数を見ていきます。

```
20   //画面を描画するプログラム
21   void drawMain() {
22     //背景を黒に
23     background(0, 0, 0);
24
25     //microbitDataを、整数型の0〜12に整える
26     int x = (int) map(microbitData[0], -1024, 1023, 0, 12);
27
28     //センサの値で鍵盤を操作する
29     for (int i=0; i<13; i++) {
30       if (i == x) {              //鍵盤の番号と一致したら
31         bright[i]=1.0;           //鍵盤を押す色変化の変数
32         sendOscSonicPi(i+72);    //鍵盤の番号+72を、SonicPiへOSC送信（oscタブ内）
33       }
34     }
```

```
void setup(){
    //画面サイズを800x400にする
    size(800, 400);
    //シリアルポートを探す
    searchSerialPort();
    //OSC通信を始める
    oscOpen();
}
```

「setup」関数で、シリアルポートを探す「searchSerialPort」関数（serialタブ内）、OSC通信を開始する「oscOpen」関数（oscタブ内）を呼び出しています。

```
4        //シリアルポートを探す
5        searchSerialPort();
6        //OSC通信を始める
7        oscOpen();
```

そして「drawMain」関数には、配列「microbitData[0]」で鍵盤を反応させるプログラムがあります。

```
//画面を描画するプログラム
void drawMain(){
    //背景を黒に
    background(0, 0, 0);

    //microbitDataを、整数型の0〜12に整える
    int x = (int) map(microbitData[0], -1024, 1023, 0, 12);

    //センサの値で鍵盤を操作する
    for (int i=0; i<13; i++){
        if (i == x){                    //鍵盤の番号と一致したら
            bright[i] = 1.0;            //鍵盤を押す色変化の変数
            sendOscSonicPi(i+72);
            //鍵盤の番号+72を、SonicPiへOSC送信（oscタブ内）
        }
    }
… 省略 …
}
```

map関数を用いて、`microbitData[0]`を、0〜12までの整数に整え「x」に入れます。

```
//microbitDataを、整数型の0〜12に整える
int x = (int) map(microbitData[0], -1024, 1023, 0, 12);
```

forループでは0〜12までカウントする変数「i」を使って、「x」が0〜12まで等しいかどうかをチェックし、鍵盤の色変化に使う配列「bright」を1.0に、SonicPiにOSC送信する「sendOscSonicPi」関数には「i+72」を送っています。これで鍵盤が反応し、SonicPiで音を鳴らすことができます。

「i+72」を補足しておきます。このあとに鍵盤を描画するプログラムが続きますが、省略しています。鍵盤の描画でも、forループで0〜12までカウントし位置をずらしながら四角形を描画していますので、「i」は鍵盤が左から並んだ順番を0〜12であらわしています。OSCで「i+72」を送ることで、鍵盤に対応した音が出るというわけです。

```
//センサの値で鍵盤を操作する
for (int i=0; i<13; i++){
    if (i == x){                    //鍵盤の番号と一致したら
        bright[i] = 1.0;            //鍵盤を押す色変化の変数
        sendOscSonicPi(i+72);
        //鍵盤の番号+72を、SonicPiへOSC送信（oscタブ内）
    }
}
```

9 — より自由な表現の実践

❸ 表現の工夫

　ここからは「表現」の工夫を紹介します。なにかを作ろうとしたとき、技術的に実現できただけで満足してはいけません。なぜなら、それは作りたいものに近づく方法を知っただけで、ゴールにたどり着いていないからです。もしかすると、もっともっと近づくと、さらにまた見えてくるものがあるかもしれません。人はなぜ心地よく感じるのだろうか、もっと面白くできないだろうか、そんな興味や欲望が生まれたら、それは新しく見えてきた世界だといえるでしょう。

　ここまで、micro:bit、Processing、SonicPiの3種類のツールを使ってきました。ここからは「表現」を工夫するために、それぞれのツールで得意な表現にアプローチを試みます。

□ ①曲のように聞こえる表現

　SonicPiによる表現の工夫のほんの一例を紹介します。SonicPiは音楽が得意なソフトウェアです。「音」ではなく「音楽」なので、音色やリズムを変えるのはもちろん、音楽の知識があればもっと使いこなすこともできます。音楽がそうであるように、SonicPiでも表現の工夫は無限大です。

　先ほどのサンプルでは、「加速度センサXで、60〜84の音階を奏でる」というプログラムでした。ですが「センサX」で変化する音階は、確かに音が変わりますがメチャクチャに演奏している感じがします。ピアノを弾けない人が鍵盤をメチャクチャに叩いたような感じです。確かに音は鳴りますが、心地よいのかというとまた別問題でしょう。そこで**ペンタトニックスケール**という音楽の知識をもとに、「センサX」で奏でる音階を変えてみます。

　SonicPiのプログラムを変えていくまえに、「ペンタトニックスケール」と「音階のアルファベット表記」について説明しておきましょう。

● **ペンタトニックスケール**

スケールとは、ギターやピアノのコード進行などに出てくる「ある規則で並べた音階の組み合わせ」を意味します。「ペンタトニック」とは5つという意味で、ペンタトニックスケールは「5つの音階の組み合わせ」を意味します。スケールにはいくつも種類があり、それぞれ異なる響きを持っています。

わかりやすく説明してみましょう。知らない曲でも、なんとなく「沖縄っぽい」「アラビアっぽい」「インドっぽい」と感じることがありますね。それはその土地で好んで使われる音階やスケールがあるためです。なぜこのような違いが生まれたのか、それはその音楽が育まれた土地の文化の影響もあります。たとえば、石で作られた建物、木で作られた建物では、音を跳ね返したり吸収したりする違いがあり、響く音が異なります。響きは音の聞きやすさ・聞きにくさにも影響しますので、土地によって音階の組み合わせに違いが生まれたのだろうと思われます。

今回は「ペンタトニックスケール」のなかでも、ピアノの黒鍵だけで構成される組み合わせを使用してみます。黒鍵だけの5音階「D♭、E♭、G♭、A♭、B♭」には、和音にしたときに不協和音になりにくい特徴があります。つまり、メチャクチャに音を奏でてもなにかの曲のように聞こえるのです。これを利用して、ただのメチャクチャではない表現となるよう工夫します。

● **音階のアルファベット表記**

もう1つ、音階の表記について補足しておきます。先の例では「MIDI（ミディ）」という規格で、音階が0～127の数値で表記できることを説明しましたが、多くのプログラミング言語ではアルファベットで音階を表記します。今回の「ペンタトニックスケール」では黒鍵をプログラミングしたいのですが、それをいちいち数値に置き換えるのは面倒です。

そこで、アルファベットによる音階の表記を紹介しておきます。アメリカやイギリスの音階表記にならって「ド・レ・ミ・ファ・ソ・ラ・シ」は「C・D・E・F・G・A・B」となります。「ド」が「C」から始まります。SonicPiではさらに半音上がるシャープや、半音下がるフラットもアルファベット表記できます。たとえば、ドの半音上の「ド#」は「Cs」または、レの半音下と考えると「レ♭」は「Db」となります。記号ではなくsharpの「s」、♭の記号に似た小文字の「b」を付けます。

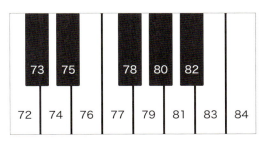
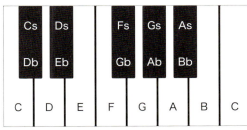

● **micro:bitのプログラム**

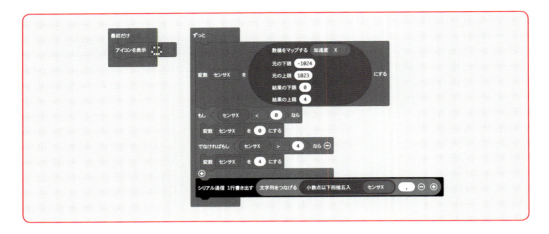

「センサX」を、0〜4の変化となるようにします。「0」「1」「2」「3」「4」の5種類の変化によって、ペンタトニックスケールの音階を鳴らすためです。

● **SonicPiのプログラム**

「x」で受けた0〜4の変化で、5つの音階セットの何番目を選ぶか決めます。

```
live_loop :microbit do
  use_real_time
  x, = sync "/osc/fromP5"
  if(x!=nil)
    synth:beep, note:[:Db, :Eb, :Gb, :Ab, :Bb][x]
    sleep 0.25
  end
end
```

「5つの音階を配列としx番目を取り出し音を鳴らす」部分は、以下のようになります。

```
synth:beep, note:[:Db, :Eb, :Gb, :Ab, :Bb][x]
```

また、「sleep」のあとに「0.25」など数値を指定すると、決まった音の長さで奏でられるので、より「曲のように聞こえる」表現となります。

```
sleep 0.25
```

□ ② ウェアラブルに体を使って演奏する表現

　micro:bitとProcessingとSonicPiを連携することができましたが、USBケーブルが邪魔になって、micro:bitを自由に傾けることが難しかったと思います。そこでmicro:bitを2台と「無線」を使って、加速度センサを使うmicro:bitはUSBケーブルをなくし自由に傾けられるようにします。PCと距離を離すこともできるので、「腕や足に付ける工作」と組み合わせて身に付けることでウェアラブルな装置として使うことが可能です。ケーブルを気にせず自由に動けると、たとえば「体を動かしながら音楽を演奏する」などもできるようになります。

1台目のmicro:bitは、
加速度センサXを無線で送信する。

2台目のmicro:bitは、
無線で受信したデータをシリアル通信に変換する。

「腕や足に付ける工作」の解説は、 CHAPTER 8 を参考にしてください。

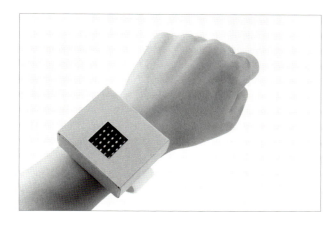

● 1台目のmicro:bitのプログラム（無線で加速度センサXを送信する）

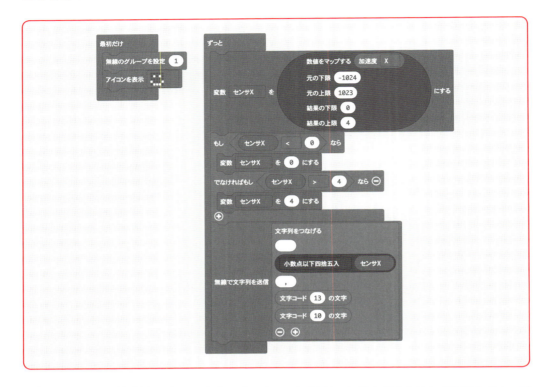

「最初だけ」に送信側だとわかるように「アイコンを表示」、無線を使うために「無線のグループを設定」を追加しています。「ずっと」のなかでは「シリアル通信　1行書き出す」の代わりに「無線で文字列を送信」ブロックを使っています。文字列に改行を表す文字コードを入れたほうが、通信の体感速度は速くなりました（→ CHAPTER 10 ）。

● 2台目のmicro:bitのプログラム（無線で受信し、シリアル通信に変換する）

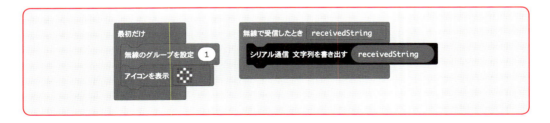

「最初だけ」に、受信側だとわかるように1台目と異なるよう「アイコンを表示」、無線のグループ番号を1台目と同じ「1」にします。「無線で受信したとき　receiveString」ブロックを追加し、「シリアル通信　文字列を書き出す」で受信した文字列「receiveString」を書き出します。

③インタラクティブなグラフィック表現

センサによって音を奏でることはできましたが、せっかくPCを使っているのに、画面は使わずに音だけで表現してきました。画面も変化するようにできれば、目でも耳でも楽しめる表現になります。

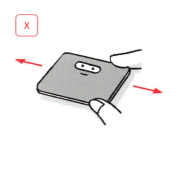
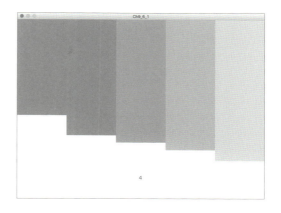

● **Processingでインタラクティブなグラフィックを描く**

例としてグラフィックの「色」が変わるプログラムを書きます。いろいろな書きかたがありますが、色に浮動小数型の変数「b」を使って四角形の色と高さを変化させてみました。まず変数「b」の説明のため、スペースキーを押すと四角形が描かれるシンプルなプログラムを紹介します。

```
float b;                    //浮動小数型の変数「b」

void setup(){               //最初だけ
   size(800, 600);          //画面サイズを800*600ドットに
}

void draw(){                //ずっと
   background(255);         //背景を白色に塗る
   noStroke();              //線ナシ
   fill(255, 50, 100, 255*b);
   //塗り色(赤:255, 緑:50, 青:100, 透明度:255*b)
   rect(300, 0, 200, 600*b);
   //x:300, y:0の位置に、幅:200, 高さ600*bで四角を描く
   b *= 0.99;               //変数「b」を0.99倍する
}
```

```
void keyPressed(){              //キーボードを押されたとき
  if (key==' '){                //スペースキーだったら
    b = 1.0;                    //bを1.0にする
  }
}
```

　スペースキーを押すと、細長いピンクの四角形が現れ、徐々に短く、透明になって消えていきます。このスペースキーを押すかわりにmicro:bitのセンサとしたいのですが、micro:bitからは0～4までの数値が送られてきますので、この四角形を5セット描いてみます。

● Processingでセンサに反応するグラフィックを描くプログラム

　次に示すプログラムは、グラフィックを描く部分の抜粋です。キーボードで反応する部分は削除して、センサの値に反応するようになっています。シリアル通信やOSC通信を行うプログラムはタブにまとめてあります。

```
float[] b=new float[5];         //浮動小数型の配列「b」
int x;                          //センサの値をいれる変数「x」
int last_x;                     //直前の「x」を覚えておく変数「last_x」

void setup() {                  //最初だけ---------------------------//
  size(800, 600);               //画面サイズを800*600ドットに
  searchSerialPort();           //シリアルポートを探す
```

```
    oscOpen();                    //OSC通信を始める
}


void drawMain(){                  //ずっと-----------------------------//
   background(255);               //背景を白色に塗る
   for (int i=0; i< 5; i++){      //変数「 i 」をカウントしながら5回ループする
      noStroke();                 //線ナシ
      fill(255, 50*i, 100, 255*b[i]);
      //塗り色(赤:255，緑:50，青:100，透明度:255*b[i])
      rect(160*i, 0, 160, 600*b[i]);
      //x:300，y:0に、幅:200，高さ600*b[i]で四角を描く
      b[i] *= 0.99;               //配列「b[i]」を0.99倍する
   }
   x = microbitData[0];           //変数xにデータを格納する
   if (x<5 && x!=last_x){         //xが5より小さく、xがlast_xと異なるとき
      b[x]=1.0;                   //配列bのx番目を1.0にする
      //OSCメッセージを作成する
      OscMessage myMessage = new OscMessage("/fromP5");
      //OSCメッセージにセンサデータを追加する
      myMessage.add(microbitData[0]);
      //OSCメッセージを送る
      oscP5.send(myMessage, myRemoteLocation);
      last_x = x;                 //last_x(直前の値)として、現在のxを入れる
   }
   fill(100);                     //塗り色をグレーにする
   text(x,width/2, height-height/8);
   //変数xの値を画面にテキストで表示(確認用)
}
```

9 ── より自由な表現の実践

● SonicPiのプログラム

```
live_loop:microbit do
  use_real_time
  x, = sync "/osc/fromP5"
  if(x!=nil)
    synth:beep, note:[:Db, :Eb, :Gb, :Ab, :Bb][x]
  end
end
```

micro:bit、Processing、SonicPiを連携させる手順はこれまでと同様です。

① SonicPiのプログラムを「RUN」する
② micro:bitとPCをUSBケーブルでつなぐ
③ Processingのプログラムを実行しシリアルポートを選ぶ
④ micro:bitを傾けるとグラフィックと音が変化する

このチャプターのまとめ

ポイント ▷ ☐ micro:bitとPCをシリアル通信で連携させると、もっと自由な表現ができる

☐ PCのプログラミングでは、画面の色を変えたり、ピアノやギターの音色を奏でたり、異なるソフトを連携させたりできる

☐ 自分だけの表現を工夫するには、プログラミング技術だけでなく、音楽や映像などの幅広い知識を身に付けよう

CHAPTER

10

micro:bitの
知ってて得するポイント

CHAPTER 10 micro:bitの知ってて得するポイント

❶ ブラウザでワンクリック書き込みができる

　micro:bitでは、子どもやプログラミングがはじめてな人に向けて、親切な設計が心がけられています。しかし逆に、プログラミングができる人にとっては、その親切さが落とし穴になることもあります。また、さらに新しい機能が使いやすくなるようにバージョンアップされることがあります。
　ここでは、micro:bitの「親切な設計」のなかで、先に知っておけば楽にプログラミングできるポイントを解説します。

☐ ファームウェアのアップデート

　micro:bitのバージョンアップで追加された、便利な機能です。USBケーブル経由で「ダウンロード」ボタンを押すと自動的にmicro:bitにhexデータが書き込まれるようになったり、実際のmicro:bitのセンサの数値をブラウザで確認したりできるようになりました。
　しかし、そのためにはmicro:bitデバイス本体の**ファームウェア**を更新する必要があります。一度ファームウェアを書き換えればmicrobitデバイスは記憶してくれます。まだMakeCodeエディタの新しい機能が使えない人は、ファームウェアを更新してみてください。

公式サイトにも丁寧な解説があります。
https://microbit.org/ja/guide/firmware/

● **ファームウェアバージョンの確認**

micro:bitをPCにつなぐと、USBメモリのように「MICROBIT」という名前で認識されますが、このなかに「DETAILS.TXT」というテキストファイルがあります。
「DETAILS.TXT」をテキストエディタで開くと、ファームウェアのバージョンが確認できます。

```
# DAPLink Firmware - see https://mbed.com/daplink
Unique ID: 9900000041504e45003d20080000004f0000000097969901
HIC ID: 97969901
Auto Reset: 1
Daplink Mode: Interface
Interface Version: 0241        ファームウェアのバージョン
Git SHA: 34182e2cce4ca99073443ef29fbcfaab9e18caec
Local Mods: 0
USB Interfaces: MSD, CDC, HID
Interface CRC: 0x6239a36e
```

ファームウェアのバージョンが「0249」より古いものは新機能が使えません。なんらかの理由でバージョンを以前のものに戻したい場合は、先ほどのサイトで「過去のファームウェアバージョン」がダウンロードできます。

● **ファームウェアのダウンロード**

ファームウェアの解説ページ（https://microbit.org/ja/guide/firmware/）のダウンロードボタンから、最新のファームウェアをダウンロードしてください。

● **ファームウェアの書き換え**

micro:bitデバイスの「リセットボタン」を押しながら、USBケーブルでPCと接続します。すでにUSBケーブルで接続している場合はいったん抜き、「リセットボタン」を押しながら再び接続します。
するとPCではいつもの「MICROBIT」ではなく、「MAINTENANCE」という名前で認識されます。ここにダウンロードしたファームウェアのファイルをドラッグ＆ドロップすることで、アップデートが行われます。アップデート中はmicro:bitの黄色いLEDが点滅しますので、そのまましばらく待ってください。無事にファームウェアが書き換わると、自動的に再接続されていつもの「MICROBIT」として認識されます。これでファームウェアのアップデートは完了です。

☐ MakeCodeエディタとペア設定する

　Webブラウザの「Google Chrome」のバージョン61以降では、ブラウザから直接USBデバイスと通信できる「WebUSB」が使えるようになっています。この機能を使うとMakeCodeエディタの「ダウンロード」ボタンを押しただけで、micro:bitに直接プログラムを書き込むことができるようになり、「シリアル通信」を使ったときにもシミュレータで直接データをやりとりできるようになります。ただし、micro:bitのファームウェアを「0249」以上にし、ブラウザとペア設定する必要があります。

● Chromeブラウザのバージョンを確認

　Chromeのバージョン61以降で「WebUSB」が使えるようになっています。Chromeは最新のアップデートが見つかると自動的にダウンロードし、Chromeを再起動すると自動的に最新版に更新してくれます。2019年5月現在ではバージョン73ですので、おそらくみなさんのChromeでも「WebUSB」が使えるはずです。

Chrome ブラウザのバージョンを確認するには次のアドレスにアクセスします。
chrome://chrome

● MakeCodeエディタからペア設定する

　エディタの歯車のアイコンから「デバイスを接続する」を選びます。説明の画面が出てきます。指示に従って、USBケーブルでmicro:bitとPCをつなぎ「デバイスを接続する」ボタンをクリックしてください。

画面が変わり「makecode.microbit.orgが接続を要求しています」というウィンドウが表示されます。ここに認識されたmicro:bitが「BBC micro:bit CMSIS-DAP」と表示されます。これを選択し「接続」ボタンをクリックしてください。これでMakeCodeエディタと micro:bitがWebUSBで接続されます。なおmicro:bitのファームウェアが「0249」以上でない場合は、ここになにも表示されません。

□ プログラム書き込みの確認

　プログラムがなくて構いませんので「ダウンロード」ボタンをクリックしてみてください。うまく書き込みができると、書き込み中にmicro:bitデバイスの黄色いLEDが点滅し、画面には「ダウンロードしています...」と表示されます。そのまましばらく待つと書き込み完了です。

 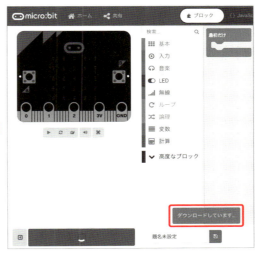

❷ β版のMakeCodeエディタがある

　2018年10月にMakeCodeエディタがバージョンアップしました。実はバージョンアップする前に「β版」として公開され、各国で動作検証が行われていました。このように実験中の新機能やインターフェイスにも、誰でもアクセスができます。また、昔のバージョンで作り込んだ教材などのために、過去のエディタにもアクセスできるようになっています。

　いつものエディタのアドレスに「/beta」を付けるとβ版にアクセスできます。
https://makecode.microbit.org/beta

　以前のバージョンにアクセスするには、アドレスに「/v0」や「v1」を付けます。
https://makecode.microbit.org/v0

　このように、MakeCodeエディタは常に開発中です。Webブラウザも日々更新されるので、また大きくバージョンアップされるときがくるはずです。とくに講師の方は、β版の動向をチェックしておくとよいと思います。

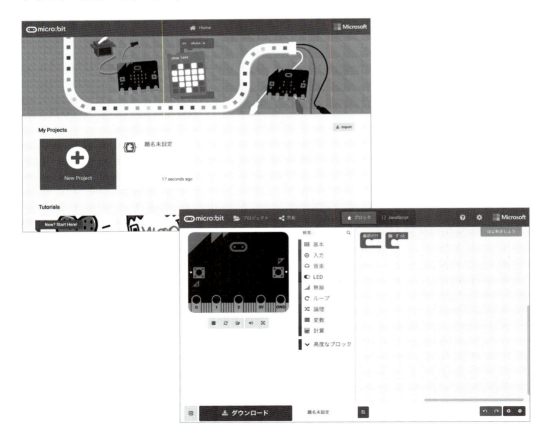

❸ iOSやAndroidでもmicro:bitにプログラミングできる

　micro:bit専用の公式アプリがあり、スマートフォンやタブレットからもプログラミングと書き込みができます。とくに書き込みにはUSBケーブルを使わず、micro:bitとスマートフォンをBluetoothでペアリングし、無線で書き込みを行えます。

　ただし、1つ気をつけたいことがあります。筆者が大学の授業で、15名同時にそれぞれ自分のスマートフォンで書き込みを試してもらったところ、Bluetoothがうまくつながる人もいれば、スマートフォンの個体差で細かな設定が必要な機種もあり、一部のスマートフォンではうまく書き込むことができませんでした。スマートフォンの機種が選べない環境では、気をつけたほうがよさそうです。

機能や使いかたは、公式サイトに詳しく載っています。
https://microbit.org/ja/guide/mobile/

❹ Arduinoでもmicro:bitにプログラミングできる

CHAPTER 9 でとりあげたProcessingと同様に、教育目的で開発された電子デバイス**Arduino**（アルデュイーノ）のソフト（ArduinoIDE）でもmicro:bitをプログラミングすることができます。ArduinoのプログラミングはCやC++に近く、これまで見てきたブロックやJavaScriptとはまったく異なります。過去にCやC++に触れた経験がある方には、こちらのほうが使いやすく感じるかもしれません。

ArduinoではMakeCodeエディタよりも細かいプログラムが必要なので、少し難しいかもしれませんが、そのぶんプログラムによって繊細なチューニングができるメリットがあります。

本書ではArduinoでmicro:bitを使う設定のみを紹介します。より細かい情報は、以下のサイトも参考にしてみてください。

https://learn.adafruit.com/use-micro-bit-with-arduino/overview

● ArduinoIDEをインストールする

「Arduino」で検索すると、ダウンロードページが見つかります。

https://www.arduino.cc/en/main/software

Windowsの場合は「Windows ZIP file for non admin install」を選ぶと管理者権限がなくてもインストールできます。macOSの場合は「Mac OS X 10.8 Mountain Lion or newer」を選んでください。

寄付を促す画面へ移動しますが、「JUST DOWNLOAD」をクリックすると寄付しなくてもダウンロードできます（もちろん、寄付してもOKです）。

Arduinoのダウンロードが完了したら、Windowsのzipファイルの場合は「すべて展開」してください。macOSの場合も右クリックで「開く」を選び解凍してください。

Windowsの場合

macOSの場合

● **Arduinoを起動する**

　Windowsは「arduino」、macOSは「Arduino」表記です。選択して起動してください。

Windowsの場合　　**macOSの場合**

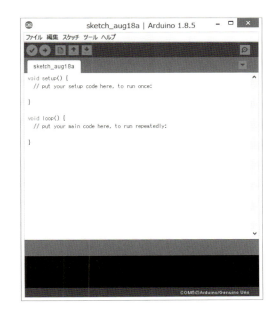

● ボードマネージャを設定する

　Windowsの場合は、メニュー「ファイル」＞「環境設定」を選び、環境設定ウィンドウを表示します。macOSの場合は、メニュー「Arduino」＞「Preferences...」を選んでください。

Windowsの場合

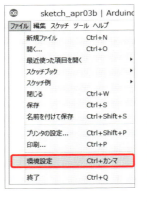

macOSの場合

「追加のボードマネージャのURL」の欄に、以下のURLを入力します。

https://sandeepmistry.github.io/arduino-nRF5/package_nRF5_boards_index.json

Windowsの場合

macOSの場合

メニュー「ツール」>「ボード」>「ボードマネージャ」を選び、「ボードマネージャ」を表示します。ここはWindows、macOSともに同じですので、Windowsの画面のみを載せておきます。

Windowsの場合

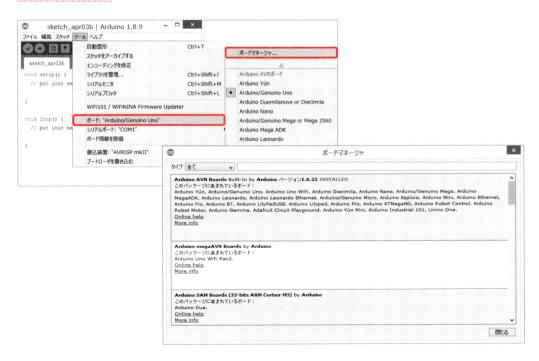

211

「ボードマネージャ」の検索欄に「bbc」と入力し、「Nordic Semiconductor nRF 5 Boardsby Sandeep Mistry」を見つけ、インストールします。インストールに少し時間がかかるかもしれません。インストール完了までしばらく待ってください。

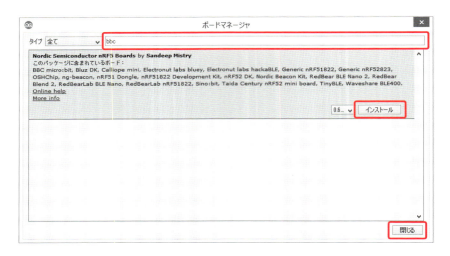

メニュー「ツール」>「ボード」に、「BBC micro:bit」が現れるので、これを選びます。

これでArduinoからmicro:bitを開発できるようになります。プログラムはCやC++に近い書きかたになります。例として「左上のLED1粒が0.5秒おきに点滅するプログラム」を示します。

```
const int COL 1 = 3;          // 1列目のLED制御ピン
const int LED = 26;           // 1行目のLED制御ピン
// 最初だけ
void setup(){
    // ダイナミック点灯のため、1列目のLED制御ピンを出力モードにし、GNDにする
    pinMode(COL 1, OUTPUT);
    digitalWrite(COL 1, LOW);

    // 1行目のLED制御ピンを出力モードに
    pinMode(LED, OUTPUT);
}

// ずっと
void loop(){
    //LEDを点灯(1行目のLED制御ピンに電気を流す)
    digitalWrite(LED, HIGH);
    // 一時停止500ミリ秒
    delay(500);
    //LEDを消灯(1行目のLED制御ピンをGNDにする)
    digitalWrite(LED, LOW);
    // 一時停止500ミリ秒
    delay(500);
}
```

Arduinoのプログラムでは、1粒のLEDを光らせるために2つのピンを使ってプログラムしています。これは25個のLEDを効率よく光らせる方法で、行と列を指定して光らせる仕組み(ダイナミック点灯)を使っているためです。

このようにArduinoのプログラムでは細かいチューニングができるぶん、プログラムと同時に電子回路の知識も必要になってきます。

● Arduinoとmicro:bitをつなぐ

　PCとmicro:bitをUSBケーブルでつなぎ、メニュー「ツール」＞「Softdevice」から「S110」を選びます。さらにメニュー「ツール」＞「シリアルポート」から「BBC micro:bit」と書いてあるものを選びます。Windowsの場合は「COMx（BBC micro:bit）」のように、macOSの場合は「/dev/cu.usbmodemXXXXX(BBC micro:bit)」のように表示されます。なお「COMx」の「x」は数字で「COM4」「COM7」などに、「usbmodemXXXXX」の「XXXXX」も数字で「140102」などとなり、PCによって異なります。

Windowsの場合

macOSの場合

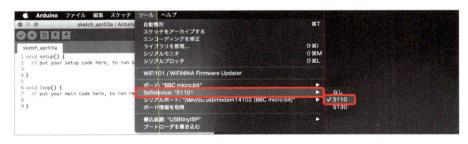

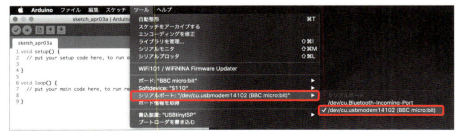

● **プログラムの書き込み確認**

「マイコンボードに書き込む」ボタンを押すと、micro:bitにプログラムが転送されます。Windowsの場合は「Windowsセキュリティの重要な警告」が表示されることがありますので「アクセスを許可する」ボタンを押してください。

Windowsの場合

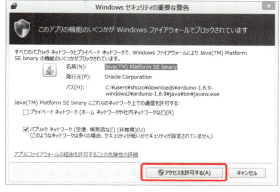

macOSの場合

● **micro:bitのプログラムの比較**

同じ動作を、ブロックエディタでプログラムしてみました。「点滅する」というやりたい部分のプログラムのみで、シンプルに人のイメージをプログラムに反映できます。

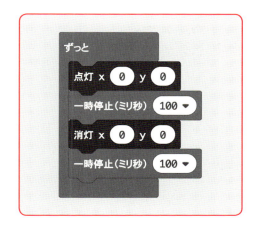

micro:bitはArduinoよりもかんたんにプログラミングから書き込みまでを行えることがわかります。わざわざArduinoを使う必要はないかもしれませんが、Arduinoでのプログラミングは、Pythonエディタ→❾などと並ぶ、１つの選択肢として考えるとよいでしょう。

❺ シリアル通信が少しだけ速くなるプログラムがある

「シリアル通信　１行書き出す」には、指定する文字以外に、自動的に改行を意味する文字が追加されます。これと同じプログラムは、「シリアル通信　文字列を書き出す」を使って自分で改行を意味する文字を追加したものでも作ることができます。意味は同じはずですが、内部での処理が違うためか、後者のほうが通信が速く感じました。

慣れてきたら「シリアル通信　１行書き出す」を、「シリアル通信　文字列を書き出す」＋改行の文字を追加する、というプログラムに書き換えてみましょう。

●「シリアル通信　１行書き出す」をつかったプログラム

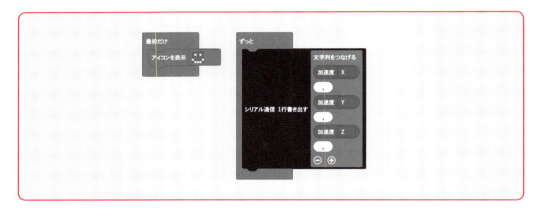

● 通信が少し速くなったプログラム

使用ブロックが「シリアル通信　文字列を書き出す」に変わっていることに注目してください。そして最後に「文字コード13の文字」「文字コード10の文字」を追加しています。

❻「マップする」結果の上限と下限は超えることがある

　「数値をマップする」ブロックでは、もとの数値の下限と上限、結果の下限と上限を指定すると、任意の数値に整えることができます。たとえば「−1000〜1000の変化を0〜100にしたい」ときなどに便利です。ただし、加速度センサなどで使うと1Gの設定なら「−1024〜1023」の変化のはずですが、勢いをつけてセンサを反応させると「−2048」などになることがあります。この場合、たとえば結果を「0〜100」に指定していても、結果の下限は「0」ではなく、マイナス値となり範囲を超えてしまいます。上限も同様に超えることがあります。

　確実に自分の決める範囲に制限するためには、「数値をマップする」ブロックで得られた結果を、「もし〜なら〜でなければ」ブロックでさらに整える必要があります。

● 「数値をマップする」の結果の下限と上限を確実に制限するプログラム

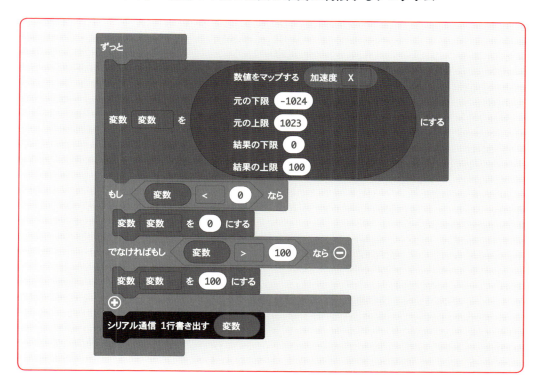

　このままでは、シリアル通信で書き出される値は小数となります。もし整数にしたければ、シリアル通信で書き出すときに「小数点以下を四捨五入する」ブロックを使ってください。

❼ シリアル通信で簡易的なDMX信号を送ることができる

micro:bitでどこまでできるのか調べるために、舞台照明などで使われる「**DMX**（正式にはDMX512－A）」という規格の通信を実験してみました。micro:bitと別に電子回路やDMX対応機器が必要ですが、参考までにシステムの概要、回路図と部品、プログラムを示しておきます。

「無線」や「加速度センサ」と組み合わせると、「体に付けたmicro:bitを動かして、DMX対応のLED照明機器を無線コントロールする」こともできます。

● プログラム

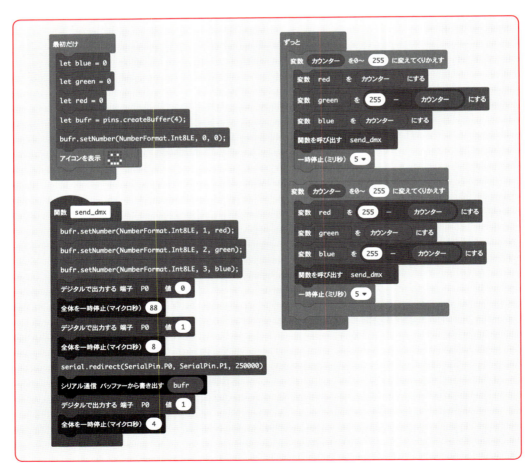

● システムの概要

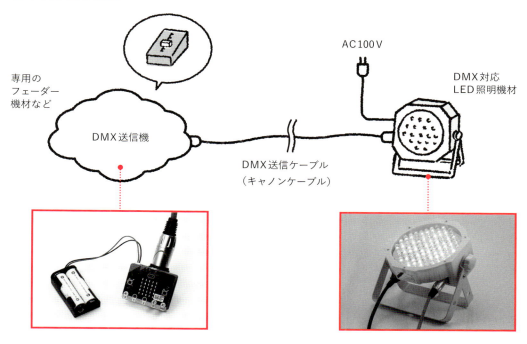

● 回路図

必要な部品（各1コ）

- micro:bit
- 100Ω抵抗
- MAX 3485（RS 485 / RS-422トランシーバ）
- NC 3 FFAH 2（XLR 3ピンメスコネクタ）
- 8ピンICソケットがあるとよい

ネジ（各3コ）

- M3サラネジ 10mm
- M3六角ナットスペーサ 10mm、雄ネジ雌ネジ
- M3ナット

● テストした機材

AMERICAN DJ（アメリカンディージェイ）/ JELLY PAR PROFILE
https://www.soundhouse.co.jp/products/detail/item/180176/

❽ 拡張機能がたくさんある

パッケージを追加することで、標準のブロックにない機能をもったブロックを追加できます。

現在、世界中でいろいろな拡張機能が開発されています。一覧では見ることができないのですが、「検索または、プロジェクトのURLを入力…」のところに「a」など任意の文字を1文字入れて検索してみると、数多くの候補が表示されます。筆者が「a」～「z」まで入れてどんなパッケージがあるのか見てたところ、まだ「ベータ」となっているものもありますが、少しずつ増えているようです。検索結果からは、世界中のメーカーがmicro:bit用の拡張機能を開発していることがわかります。

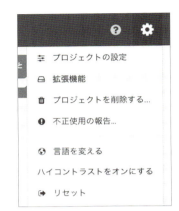

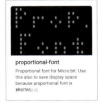

● モーター関連

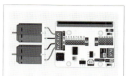

motorbit

ElecFreaks MakeCode motor:bit package for micro:bit. Works with motor driver boards too.

kitronik-servo-lite

Blocks for driving Kitronik micro:bit boards

grove-zero-for-microbit

A Microsoft MakeCode package for Grove Zero Bit Kit

詳しい説明

CooCoo

CooCoo Package for Microsoft PXT

詳しい説明

● センサモジュール関連

grove

A Microsoft MakeCode package for Seeed Studio Grove module - beta

詳しい説明

tinkercademy-tinker-kit

MakeCode package for modules in the Micro:bit Tinker Kit by ElecFreaks and Tinkercademy.

詳しい説明

ir-receiver

Tinkercademy MakeCode package for using an IR (infrared) receiver with the BBC micro:bit (beta)

詳しい説明

rotary-encoder-ky040

Tinkercademy MakeCode package for using the KY-040 rotary encoder with the BBC micro:bit

詳しい説明

● IoT（モノのインターネット）関連

iot-environment-kit

Environment and Science IoT Kit for micro:bit

詳しい説明

smarthome

ElecFreaks Smart Home Kit MakeCode package for micro:bit

詳しい説明

iot-lora-node

詳しい説明

minode

mi:node kit(micro:bit IoT Starter Kit by element14) driver package for PXT/microbit

詳しい説明

● Bluetooth関連

bluetooth

Bluetooth services

bluetooth-max6675

A bluetooth service for the MAX6675 temperature probe

詳しい説明

bluetooth-midi

A Bluetooth Midi package for Microsoft Make Code

詳しい説明

bluetooth-temperature-sensor

A Bluetooth service to expose a temperature reading.

詳しい説明

□ 拡張機能を追加する

　試しに「bluetooth」パッケージを追加してみると、「無線」と同時に使用できないのでメッセージが表示されます。このように、拡張機能は既存の機能と競合する場合もあります。

❾ Pythonのプログラム環境もある

　Pythonとは、プログラミング言語の一種です。JavaScriptもプログラミング言語ですが、この2種類のプログラミング言語は、書きかたがまったく異なります。しかし、PythonもJavaScriptも、世界中で使われているとてもメジャーなプログラミング言語です。

　micro:bitが本領を発揮するのは、実はPythonでのプログラミングです。細かいチューニングができますので、ブロックやJavaScriptに慣れてきたら、Pythonにも挑戦すると、もっとmicro:bitを楽しめると思います。

　micro:bitの公式ページでは、プログラム環境としてMakeCodeエディタとPythonエディタが紹介されています。しかしPythonエディタは画面が狭く、少し使いにくい印象です。

　本書ではPythonのプログラミングまでは踏み込みませんが、開発環境 **Mu**（mu-editor）を紹介しておきます。

　micro:bit の公式ページで紹介されているプログラミング環境にPythonエディタがあります。
http://microbit.org/ja/code/

アイコンが大きく見やすいものの、このエディタでPythonのプログラムを作り込んでいくには、少し使いにくいと思います。

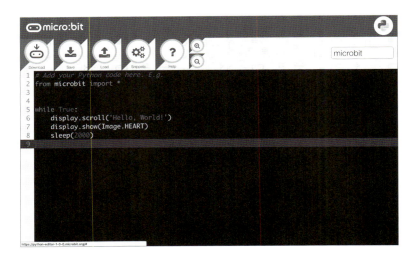

micro:bitのPythonプログラミングのために、「Mu」というエディタが用意されています。この「Mu」は単体のアプリケーションなので、ダウンロードしてインストールする必要があります。

□「Mu」を入手する

「mu editor」で検索すると、Muのダウンロードページが見つかります。
https://codewith.mu/en/download

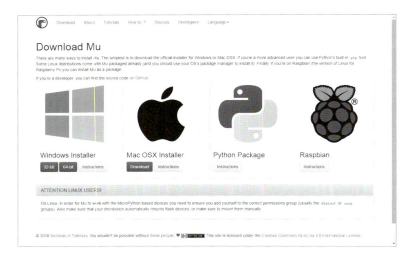

各OSにあったインストーラーをダウンロードし、インストールしてください。

□「Mu」を起動する

「Mu」は「mu-editor」という名前のアイコンで起動します。

起動すると「モードの選択」画面が現れますので「BBC micro:bit」を選びます。

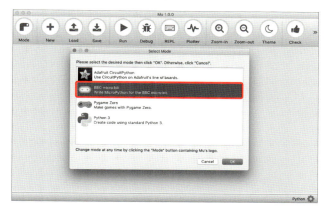

「mu-editor」を起動した画面です。ここにPythonのプログラムを書きます。

「転送」をクリックすると、micro:bitに直接書き込みを行ってくれます。ブロックエディタでは、直接書き込みを行う場合プロセッサのファームウェアをアップデートする必要がありましたが、「mu-editor」では不要です。

COLUMN

発想と実践に向き合おう

　この書籍はmicro:bitの本ですが、micro:bitでプログラミングができたら、そこにとどまらず、いろいろなプログラム言語に踏み出して、自分からどんどんと突き進んで欲しいと筆者は願います。micro:bitで学べることは、プログラミングにおいてほんの導入に過ぎません。親しみやすくするために、深刻なエラーが起こらないよう配慮され、御膳だてされたものです。確かにブロックの組み合わせは多様ですが、それは誰かが作ってくれたレールの上を歩いているだけともいえます。micro:bitをはじめとする教材による教育で、当然ながら、近い将来プログラミング技術を身に付けた人が増えるでしょう。そのような環境で個性や独創性を発揮するには、やはりもっと深い領域に踏み込まなければなりません。

　そんな意味を込めて、 CHAPTER 9 ではProcessingとSonicPiを取り上げました。少し難しかったかもしれませんが、まずは技術の理解を急ぐよりも、アイデアを思い描くことを大切にしてください。

　自分がなにを作り、なにを伝えたいのか。それは技術が身に付く前から考えたほうがよいでしょう。なぜなら、技術を知ってしまうと、難しく面倒なことを避けてしまいがちだからです。なにも知らないことは、怖いもの知らずで無敵です。しかも知ってしまうと戻ることはできません。まだなにも知らない状態というのはとても貴重です。スケッチやメモを書き溜めておいて、時間が経ってから見返すと、逆に新鮮な刺激を得ることも多いのです。

　技術の理解が進んだとき、自分だったらもっとノリノリな音楽にしたい、自分だったらもっとカラフルなグラフィックにしたいなど、あなたのなかに欲求が芽生えてくれれば嬉しい限りです。その欲求は、あなたを未知の領域に突き進めるエネルギーとなり、自分の世界や価値観を広げてくれることでしょう。

　プログラミング教育が落ち着いてくると、必ず技術の先の発想力や実践力が勝負になってくるはずです。技術習得はもちろん大切ですが、それとは別に、個性や独創性が問われることでしょう。「発想と実践に向き合ってきたかどうか」は、個性や独創性を大きく左右しますので、自分の好きなことはジャンルを問わず深く追求してみてください。

索引

□ 数字・記号

3V	008, 014
μT	010

□ 英字

ABボタン	007, 055
Arduino	096, 208
ArduinoIDE	013, 208
BBC Micro	002
BBC micro:bit	002
Bluetooth	012
Bluetooth Low Energy	006
Cookie	033
Cortex-M0	006
CR2032	020
C言語	003
DMX	218
G	009
GND	008, 014, 132
Hz	062
JavaScript	003, 059
JavaScriptモード	092
LED	007, 051
MakeCodeエディタ	004, 032
MI:power module	020
micro:bitシミュレーター	034, 084

Mu	223
Open Sound Control	175
OSC	175
Processing	013, 154
Python	003, 223
RAM	012
SonicPi	175

□ あ行

アルミテープ	142
温度センサ	011, 073, 087

□ か行

加速度センサ	009, 066, 086
可聴域	062
関数	098
基本ボックス	113
小ネジ	133
コンパスを調整する	071

□ さ行

サラ	133
周波数	062
重力加速度	066
シリアル通信	027, 074, 088
磁力センサ	010, 069

スケール	193

た行

ダイオード	014
タッチセンサ	008, 087
タッピングネジ	133
谷折り	110
端子	008
単純な関数	098
デジタルコンパス	010, 086
デバッグ	051
電子基板	005
トグル	058
トグル操作	058

な行

ナット	133
ナベ	133
ネオジウム	130
ノギス	116, 127

は行

バッテリーコネクタ	014
パラメータ	094, 100, 101
パラメータを返す関数	101
パラメータを渡す関数	100
光センサ	009, 063, 085
ファームウェア	202

プロセッサ	005, 006
ブロック	003
ブロックモード	092
ヘルツ	062
変数	056
ペンタトニックスケール	192
ホーム画面	033

ま行

マイクロUSBコネクタ	013, 074
マイクロテスラ	010
マイコンボード	003
ミノムシクリップ	016, 025
無線	011, 078
メンテナンスモード	013
木ネジ	133

や行

山折り	110

ら行

リセットボタン	013
リチウムイオンバッテリー	016
リチウムイオンポリマーバッテリー	021

〈著者略歴〉

MATHRAX〔久世祥三 + 坂本茉里子〕
（マスラックス〔くぜしょうぞう + さかもとまりこ〕）

アーティスト、エンジニア、デザイナー。
電気、光、音、香りなどを用いたオブジェやインスタレーションを制作するアートユ
ニットとして活動しながら、電子回路やプログラムを感覚的に捉えて設計するエンジ
ニア、デザイナーとしても仕事を行う。作品制作から、企業とのコラボレーション、教育
機関での授業やワークショップなど、活動は多岐に渡る。

イラスト	坂本 茉里子〔MATHRAX〕
フォーマットデザイン	waonica
章扉写真撮影	香川 賢志
デザイン協力	中西 要介 (STUDIO PT.)

- 本書の内容に関する質問は，オーム社書籍編集局「（書名を明記）」係宛に，書状ま
  たは FAX（03-3293-2824），E-mail（shoseki@ohmsha.co.jp）にてお願いします．お
  受けできる質問は本書で紹介した内容に限らせていただきます．なお，電話での質問
  にはお答えできませんので，あらかじめご了承ください．
- 万一，落丁・乱丁の場合は，送料当社負担でお取替えいたします．当社販売課宛にお
  送りください．
- 本書の一部の複写複製を希望される場合は，本書扉裏を参照してください．
  JCOPY ＜出版者著作権管理機構 委託出版物＞

プログラム×工作でつくる micro:bit

2019 年 8 月 5 日　　第 1 版第 1 刷発行

著　　者　MATHRAX〔久世祥三 + 坂本茉里子〕
発 行 者　村 上 和 夫
発 行 所　株式会社 オ ー ム 社
　　　　　郵便番号　101-8460
　　　　　東京都千代田区神田錦町 3-1
　　　　　電話　03(3233)0641（代表）
　　　　　URL https://www.ohmsha.co.jp/

© MATHRAX〔久世祥三 + 坂本茉里子〕2019

組版　waonica・nebula　印刷・製本　壮光舎印刷
ISBN978-4-274-22289-4　Printed in Japan

好評関連書籍

実践Arduino!
電子工作でアイデアを形にしよう

平原　真［著］
B5変判／288ページ／定価（本体2,500円【税別】）

Arduinoでものづくりをはじめよう！

　本書は、プロのデザイナーである著者がArduino（アルデュイーノ）と呼ばれるマイコンボードを使って、電子工作の基礎から実際の作品をつくるまでを解説し、なにかをつくれる段階を越えて、実際に作品をつくるところまであなたを導きます。電子工作をはじめてみたい方、なにか楽しいモノをつくってみたいけど何からはじめてよいかわからない方にオススメの一冊です。

《著者によるサポートページ》
http://makotohirahara.com/jissenarduino/

かんたん！USBで動かす電子工作

小松　博史［著］
A5判／232ページ
定価（本体2,000円【税別】）

はじめての電子工作でも大丈夫！
USB-IO2.0を使ってかんたん電子制御！

アクリルロボット工作ガイド

三井　康亘［著］
B5判／160ページ／定価（本体2,000円【税別】）

アクリルロボット復刻！
工作のアイデアが満載の一冊！

もっと詳しい情報をお届けできます．
○書店に商品がない場合または直接ご注文の場合も右記宛にご連絡ください．

ホームページ https://www.ohmsha.co.jp/
TEL／FAX TEL.03-3233-0643　FAX.03-3233-3440

（定価は変更される場合があります）

C-1711-142